LE PHYLLOXERA

DANS LE CANTON DE GENÈVE

D'AOUT 1875 A JUILLET 1876

RAPPORTS

AU DÉPARTEMENT DE L'INTÉRIEUR

PAR

MM. V. FATIO et DEMOLE-ADOR

Commissaires du Département.

AVEC DEUX PLANCHES COLORIÉES

GENÈVE

1876

EN DÉPOT CHEZ H. GEORG, LIBRAIRE

GENÈVE, BALE, LYON

RAPPORTS

SUR LE

TRAITEMENT DES VIGNES DE PREGNY

(RÉPUBLIQUE ET CANTON DE GENÈVE)

À MONSIEUR LE CONSEILLER D'ÉTAT CAMBESSEDÈS

CHEF DU DÉPARTEMENT DE L'INTÉRIEUR DU CANTON DE GENÈVE

PAR

MESSIEURS LES COMMISSAIRES DU DÉPARTEMENT

V. FATIO et DEMOLE-ADOR

AVEC DEUX PLANCHES COLORIÉES

JUILLET 1876

GENEVE

IMPRIMERIE RAMBOZ ET SCHUCHARDT

1876

ORDRE DES MATIÈRES

Pages.

I. Rapport technique par MM. Demole-Ador et Fatio 5

II. Rapport scientifique par le Dr V. Fatio (avec II planches). 11

III. Calendrier phylloxérique par V. Fatio 69

IV. Nouvelle composition des Commissions et Comités.............. 71

RAPPORT TECHNIQUE

Monsieur le Conseiller,

Le dernier rapport que nous vous avons adressé vous rendait compte des travaux dont vous nous aviez confié l'exécution, à Pregny, pendant l'été de 1875.

Dans les propriétés reconnues phylloxérées, nous avions coupé les souches au-dessous du sol et brûlé tous les sarments. Chaque cep avait été arrosé avec $0^{m},20^{c}$ de sulfocarbonate de potasse dilué dans 10 litres d'eau ; le terrain avait été damé, puis recouvert d'une couche toxique de chaux d'épuration et, celle-ci nous ayant fait défaut, nous l'avions remplacée par de la chaux grasse fusée sur place et arrosée avec des polysulfures de calcium.

Dans les propriétés où le Phylloxera n'avait pas été rencontré, mais dont l'arrachage avait été décidé, afin d'établir une ceinture de sûreté, nous nous étions contentés de couper les souches au ras du sol et d'arroser copieusement avec de l'acide sulfurique, afin d'empêcher les repousses.

Dès lors, et sur votre demande, nous avons continué à diriger les travaux d'hiver, complément indispensable de ce qui avait été entrepris.

Sur le préavis de la Commission cantonale, nous avons procédé à un minage, en moyenne de $0^{m},70$ de profondeur. Toutes les racines ont été soigneusement recueillies et brûlées sur place au moyen de bois et de goudron de gaz.

Le terrain reçut 3 couches de matières toxiques. La première au fond du minage, la seconde à $0^{m},30$ de profondeur environ et la troisième superficielle.

La chaux d'épuration ne pouvant nous être livrée en quantité suffisante pour cet immense travail (270 ares), nous avons fait venir des oxysulfures de calcium (marcs de soude) de St-Fons près Lyon. M. Monnier-Denys eut l'obligeance de faire les démarches nécessaires pour nous assurer les quantités d'oxysulfures dont nous avions besoin, et nous devons à M. Solier, droguiste, d'avoir bien voulu servir d'intermédiaire entre la maison H. Galland de Lyon et le Département pour le payement des 450 tonnes que nous avons employées à ce travail.

Le Département fédéral des Péages a bien voulu consentir à laisser entrer en franchise ces matières.

Grâces à la température et à l'état atmosphérique, les travaux ont bien marché pendant les mois de novembre, décembre et janvier ; malheureusement ils ont été entravés par la neige et la pluie en février, mars et avril. Nous n'avons eu qu'à nous louer de l'assiduité et de l'intelligence avec lesquelles notre piqueur, Marie Tissot, a conduit le chantier pendant tout le cours des travaux.

Nous avons fait subir un traitement spécial à la vigne Abele qui n'avait pas été détruite l'été dernier ; sa proximité des centres infectés ne laissait pas que de nous causer quelques inquiétudes. Au mois de février, elle a été taillée et les bois ont été brûlés. Le pied de chaque souche, soigneusement décortiqué, fut ensuite badigeonné avec du goudron de gaz sur une hauteur de $0^{m},10$ environ. Chaque échalas était, en même temps, trempé dans le goudron, de manière à présenter, après avoir été remis en place, une même élevation de substance gluante. Nous avons pris ces précautions, afin d'arrêter, si possible, le puceron, dans le cas où des œufs d'hiver auraient été déposés sur la souche.

Lors de la fixation des indemnités, il avait été convenu que le bois des racines appartiendrait aux propriétaires. Nous avons trouvé qu'il y aurait imprudence à laisser ces bois sortir de la vigne, même après un ébouillantage. De plus, l'économie faite sur la main-d'œuvre compensait largement les indemnités à allouer pour la valeur des racines.

Il importait aussi de prolonger la non-culture dans plusieurs propriétés, car, dans des vignes arrachées en 1874, nous avions retrouvé du Phylloxera sur des repousses provenant de fragments de racines (pages 23 et 41, Rapport de septembre 1875).

Vous avez chargé, en conséquence, MM. Archinard et Demole-Ador soussigné de fixer les indemnités motivées par ces deux chefs : racines et interdiction de culture. Nous avons trouvé, du reste, beaucoup de bonne volonté chez la plupart des propriétaires.

Le système des indemnités, tel qu'il a été appliqué jusqu'ici, doit prendre fin. Outre qu'il est impraticable en grand au point de vue financier, il est anomal aussi en ce sens que, les vignes atteintes devant périr, il n'y a aucune raison pour que l'État prenne la destruction de celles-ci entièrement à sa charge.

Du reste, si nous avons pratiqué l'arrachage, mesure qui a été vivement critiquée à l'étranger, c'est, il faut bien le dire, parce que nous avions acquis la presque certitude que le mal était localisé. En éteignant le foyer de l'incendie, nous pouvions espérer débarrasser complétement le pays du fléau qui ravage les vignobles français. Avons-nous réussi ? C'est ce qu'un prochain avenir nous apprendra.

L'arrachage nous a coûté environ 21,000 fr. l'hectare et il n'est admissible que dans les circonstances où nous l'avons pratiqué. Il faut reconnaître, cependant, que ce chiffre de 21,000 fr. est un maximum qui nous a été imposé en grande partie par le double travail que nous avons pratiqué, en été d'abord et en hiver ensuite.

Voici maintenant sous quelles rubriques se classent les dépenses faites à Pregny depuis le début du traitement des vignes, soit pendant les années 1874, 1875 et jusqu'en juin 1876 :

Enquêtes, expertises, rapports, impressions.	Fr.	6,034	55
Main-d'œuvre	»	19,430	45
Indemnités	»	31,860	75
A reporter,	Fr.	57,325	75

	Report, Fr.	57,325 75
Matières et transports	»	22,910 90
Divers (Location et réparation d'outils, frais de déplacements, voitures, vacations, construction d'un hangar, etc., etc.)	»	2,721 40
Total .	Fr.	82,958 05

Veuillez agréer, Monsieur le Conseiller, l'assurance de notre considération distinguée.

Genève, juillet 1876.

V. Fatio. Demole-Ador.

Commissaires de l'État pour le traitement des vignes de Pregny.

LE
PHYLLOXERA VASTATRIX
A PREGNY
DE AOUT 1875 A JUILLET 1876

PAR

M. le Dr V. FATIO

RAPPORT

ADRESSÉ A MONSIEUR LE CONSEILLER D'ÉTAT CHARGÉ DU DÉPARTEMENT DE L'INTÉRIEUR DU CANTON DE GENÈVE

Monsieur le Conseiller,

Dans mon dernier rapport sur les agissements du *Phylloxera vastatrix* à Pregny, durant les mois de mai à août 1875, je signalais en quelques mots[1] les lacunes qui me semblaient exister encore dans l'étude du cycle des métamorphoses de ce dangereux parasite.

Depuis lors les observations se sont multipliées, en France surtout, et de précieuses lumières ont peu à peu éclairé les parties encore obscures du développement du terrible ennemi qui menace nos vignobles.

Permettez-moi de rappeler succinctement les quelques faits, de constatation relativement très-récente, qui ont

[1] *Le Phylloxera dans le canton de Genève, de mai à août 1875;* Rapport au Département de l'intérieur, 1875, p. 16.

enfin complété nos connaissances et donné de nouvelles directions aux perquisitions de la science.

Avant tout, j'ai hâte d'avouer que les plus importantes découvertes de l'automne 1875 et de ce printemps 1876 n'ont pu être faites dans le champ si restreint du vignoble de Pregny. A la fin d'août (1875), en effet, toutes les vignes malades ou suspectes étaient déjà coupées à ras le sol, largement arrosées avec le sulfocarbonate de potasse et recouvertes de chaux[1]. Ce printemps tout était détruit sur un large périmètre. Les études et les observations étaient donc singulièrement entravées par le traitement. Puissent ces mesures de précaution, qui empêchaient presque complétement les recherches, avoir au moins réussi à arrêter la marche du fléau.

I. Histoire naturelle.

Voyons d'abord les faits constatés dernièrement en France dans des foyers de maladie beaucoup plus étendus, plus actifs, et par le fait plus riches en instruction que le nôtre; nous parlerons ensuite des quelques observations que j'ai pu faire à Pregny et des conclusions que je crois pouvoir en tirer.

C'est à MM. Boiteau[2] et Balbiani[3] que l'on doit la plupart des données nouvelles qui nous permettent de

[1] En outre, j'ai été absent de Genève pendant la majeure partie de septembre.

[2] Intérêt public; Libourne, n° 2, 9 et 16 sept. 1875.

[3] Comptes rendus de l'Académie; 4 oct. 1875, p. 581.

suivre maintenant le parasite dans tous ses agissements, depuis sa sortie de terre jusqu'à sa rentrée dans le sol.

On sait à présent que les sujets *ailés* vont pondre sur la face inférieure des feuilles de la vigne, volontiers dans les angles des nervures, quelquefois sur les bourgeons, parfois même jusque sur le bois, et qu'au bout de quelques jours (une semaine environ)[1], ces œufs, ou plutôt ces pupes jaunâtres, au nombre de deux à quatre et de deux grosseurs[2] (voy. Pl. I, fig. 2 et 3), donnent naissance à des individus aptères et *sexués*, mais sans suçoir, soit purement destinés à la reproduction (voy. Pl. I, fig. 4 et 5). Le mâle, sorti du plus petit œuf, féconde promptement une ou deux des femelles nées des plus gros œufs et meurt; la femelle sexuée produit à son tour un œuf unique et très-gros, qu'elle va bientôt déposer ou entre les exfoliations profondes du vieux bois, ou sur le bois même sous l'écorce du bois plus jeune, plus rarement sur l'échalas, mais généralement plus haut que le collet de la souche.

Selon M. Boiteau, l'œuf d'hiver serait rarement déposé sur le bois de l'année. Cette observation, si elle était reconnue comme toujours et partout vraie, serait pour nous d'une grande importance. En effet, la taille se fait, à Genève, au ras de la souche pour toutes les branches, tandis

[1] Suivant les conditions, de 6 à 10 jours.

[2] M. J. Lichtenstein (*Note pour servir à l'Histoire des Insectes du genre Phylloxera*, Annales agronomiques, t. II, n° 1, p. 129, 1876) considère ces œufs des ailés, à enveloppe feutrée et de grosseur différente selon le sexe, plutôt comme des *pupes* que comme de véritables œufs semblables à ceux des pondeuses aptères et des sexués.

que, dans le Bordelais, on laisse, au contraire, sur chaque cep jusqu'à trois ou quatre branches dites à fruit avec plusieurs bourgeons. Si l'œuf d'hiver devait être déposé de préférence sur le bois d'au moins deux ans, plus rarement sur la souche et jamais sur le bois d'un an, nous n'aurions, semble-t-il, rien à craindre du bois qui tombe, chez nous, chaque année au printemps et nous n'aurions plus à nous occuper que de l'éventualité de quelques œufs sous l'écorce de la souche, seul vieux bois dans le pays. Cette idée peut paraître appuyée par le fait de la rentrée, précoce chez nous, du produit de l'œuf d'hiver dans le sol, dont je parlerai plus loin ; mais malheureusement, il est fort à craindre que, malgré ses préférences pour le bois plus ancien, dans le midi de la France, le Phylloxera sexué ne vienne, à défaut de celui-ci, pondre aussi, chez nous, sur le bois de l'année partout où il trouvera quelque fissure. M. F. Demole semble penser que, même dans le midi de la France, l'œuf d'hiver est quelquefois déposé sur le jeune bois d'un an [1].

Nous savons encore que le dit *œuf d'hiver*, de forme elliptique allongée ou subcylindrique et mesurant $^1/_3$ de millimètre environ, est attaché au bois ou à l'écorce par un petit pédicule qu'il porte vers l'extrémité postérieure [2] et qu'il demeure ainsi suspendu à l'air libre durant tout l'hiver. D'abord jaune, cet œuf devient assez vite d'un brun olivâtre et est alors très-difficilement reconnais-

[1] Rapport autographié adressé à *M. Porlier, directeur général de l'agriculture à Paris*, 16 mai 1876, par M. F. Demole.

[2] Ce pédicule fait complétement défaut aux œufs des pondeuses souterraines.

sable[1]; solidement fixé pendant la mauvaise saison, il devient aussi plus fragile ou plus sujet à tomber, par dessèchement du pédicule, un peu avant l'éclosion (voy. Pl. I, fig. 6).

On a observé, enfin, qu'au printemps, dans la seconde moitié d'avril et le commencement de mai, l'œuf d'hiver s'ouvre vers le bout par une scissure semi-circulaire et livre passage à un Phylloxera aptère, avec suçoir et parthénogénique, qui rappelle à la fois la race souterraine par son aspect général et la race aérienne par la forme plus acuminée de ses antennes[2] (voy. Pl. I, fig. 7). Ce nouvel éclos, assez leste tant qu'il est petit, gagne d'abord les bourgeons, puis se répand dans le duvet de la face supérieure des jeunes feuilles et finit, en piquant ces dernières en dessus, par faire développer en dessous une *galle* dans laquelle il grossit beaucoup et où il pond des œufs très-nombreux (voy. Pl. I, fig. 8 et 9); œufs d'où sortent, après quelques générations, les petits destinés à gagner le sol, probablement dans le courant de la belle saison, tant pour raffermir la race parthénogénique souterraine, que pour fonder de nouvelles colonies radicicoles.

Depuis longtemps on avait observé que la feuille de nos vignes européennes ne se prête pas aussi bien à la formation de la galle parfaite que celle des plants américains[3] (voy. Pl. I, fig. 8, 9 et 11). Toutefois, les récentes

[1] Il a assez l'air alors d'une datte conservée.

[2] Comptes rendus de l'Académie; lettres au secrétaire perpétuel, n°s 15 et 17, des 10 et 24 avril 1876.

[3] Voyez, par exemple : Lichtenstein, Moniteur viticole, 24 avril 1876, et Comptes rendus de l'Acad., n° 20, 15 mai 1876, p. 1145.

observations de MM. Delachanal[1] et Boiteau[2], dans le midi de la France, semblent montrer maintenant avec évidence que, sans atteindre le développement qu'elle prend sur les feuilles américaines, la galle peut cependant résulter assez souvent, sur feuilles européennes, de la piqûre de l'individu issu de l'œuf d'hiver. De nombreuses traces rougeâtres de piqûres avortées, ainsi que les dimensions et le nombre proportionnellement bien moindres des galles réussies corroborent encore cette idée de difficulté de formation; mais on a trouvé cependant dernièrement, dans la Gironde, bien des feuilles de vignes françaises affectées de petites galles à la face inférieure[3]. Ces dernières, souvent de deux à trois au lieu de trois à six millimètres, sont fréquemment rougeâtres au lieu de vertes et couvertes de poils laineux au lieu de proéminences quasi-épineuses. La cupule ainsi formée est lisse à l'intérieur, avec une sorte de galerie dans laquelle on trouve la pondeuse et ses œufs nombreux (voy. Pl. I, fig. 11). L'ouverture, à la face supérieure de la feuille, est généralement subarrondie et bordée par un bourrelet rougeâtre plus ou moins velu. M. Boiteau fait remarquer que ces galles plus petites contiennent aussi un nombre d'œufs généralement moindre[4], et que la première génération issue de ces œufs jaunes est assez semblable à celle directement sortie de l'œuf d'hi-

[1] Comptes rendus de l'Acad., n° 22, 29 mai 1876, p. 1252.

[2] Comptes rendus de l'Acad., n° 20, 15 mai 1876, et n° 23, 5 juin 1876, p. 1316.

[3] Dans une récente notice (Comptes rendus de l'Acad., 10 juillet 1876), M. Boiteau annonce que l'on a trouvé, dans le midi de la France, des galles sur les vignes sauvages dans les haies.

[4] Souvent seulement 100 à 200 au lieu de 300 à 600.

ver. Les nouveau-nés, assez lestes pendant leur bas âge, montent vers le sommet du pampre ou du cep, pour faire à leur tour des galles, et ce n'est probablement qu'après quelques générations que l'on voit arriver la forme purement radicicole qui doit gagner le sol.

L'ascension des nouveau-nés se faisant encore sur les pampres, dans le midi de la France, vers la fin de mai et le commencement de juin, on peut bien supposer qu'étant donné des galles à Genève, nous pourrions avoir alors du Phylloxera sur les feuilles au moins jusque dans le courant de l'été. Bien que l'on n'ait point encore observé jusqu'ici la galle sur les feuilles de nos vignes à Pregny, cette dernière remarque est cependant d'une très-grande importance, au point de vue du traitement et des précautions à prendre à l'avenir dans la culture de nos vignobles.

De toute manière, il n'en résulte pas moins qu'à la suite d'une série de transformations aériennes, les descendants de l'ailé qui s'est échappé du sol finissent toujours par rendre à la terre, au printemps si la galle a manqué, en été si celle-ci a réussi, la forme qui lui est la plus propre. C'est à cette dernière à se modifier, après cela, sous le sol, pour reproduire l'ailé et fermer ainsi, par les sexués, le cycle des métamorphoses de l'insecte.

Voici donc la série complète des formes, ainsi que les différences et les analogies qui semblent ressortir, tant des données étrangères que de mes observations à Genève.

Il n'y a, en somme, que quatre formes, sous des aspects un peu différents selon l'âge et les conditions : trois parthénogéniques et une sexuée; une franchement hypogée (radicicole), une toujours épigée à l'état parfait (ailée), deux susceptibles de modifier un peu leur habitat avec les circonstances (sexuée et gallicole).

1° RADICICOLES : *Pondeuses vierges, souterraines et aptères* (corps subovale, jaune ou roussâtre, de $^2/_3$ à $^3/_4$ de millimètre chez l'adulte, membres robustes et de moyenne longueur, suçoir grand, yeux incomplets, antennes épaisses et coupées en large biseau), occupant le sol toute l'année et reproduisant, par œufs jaunes assez nombreux, la même forme radicicole et fort probablement, après deux ou trois générations, les nymphes futurs ailés (voy. Pl. I, fig. 15, 16 et 22, et Rapport de 1875, fig. 2).

2° AILÉS : *Pondeuses vierges, aériennes et ailées* (corps subelliptique allongé roux et noirâtre au milieu, de 1 à 1 $^1/_6$ de millimètre, avec deux ailes supérieures immenses, mais faibles, de moitié plus grandes que le tronc et deux ailes inférieures plus courtes, munies sur le côté d'un petit crochet pour se rattacher aux autres; membres grêles et longs, suçoir moyen, yeux complets, antennes assez longues et effilées), état parfait des nymphes (jaunes et roussâtres, de un millimètre environ, avec petit sac alaire, d'abord jaune puis noirâtre, sur les côtés) nées, depuis la fin de juillet, sous le sol et allant au vol pondre deux à quatre œufs ou pupes jaunes d'où sortiront les sexués sous les feuilles, en août et septembre [1] (voy. Pl. I, fig. 1, 2, 3, 14 et 17, ainsi que Rapport de 1875, fig. 4 et 5).

3° SEXUÉS : *Individus sexués, mâles et femelles, aptères et d'ordinaire aériens* (corps subovale assez large, jaunâtre et roussâtre, de $^2/_5$ à $^1/_2$ millimètre, membres plutôt

[1] Quelques nymphes restent sous le sol et pondent peut-être sous terre.

trapus, pas de suçoir, yeux assez développés, antennes moyennes et acuminées), nés des œufs de deux grosseurs des ailés sous les feuilles surtout, de août à octobre, et pondant, sous l'écorce du bois aérien principalement, un gros œuf unique, d'abord jaune, puis olivâtre, dit d'hiver, d'où sortira la forme gallicole [1] (voy. Pl. I, fig. 4, 5, 6 et 18).

4° GALLICOLES : *Pondeuses vierges, aéréoterrestres et aptères* (corps ovale, plutôt sombre, brunâtre ou verdâtre, gros et long de 1 à 1 $^{1}/_{6}$ de millimètre, avec des membres faibles et courts chez l'adulte, suçoir plutôt court, yeux imparfaits, antennes relativement petites, grêles et subacuminées) nées de l'œuf d'hiver, formant la galle de la feuille et donnant naissance, par œufs jaunes très-nombreux et après quelques générations, à la race radicicole qui doit rentrer en terre. Gagnant parfois directement le sol au lieu de monter sur les feuilles (voy. Pl. I, fig. 10, 11, 12, 19 et 21).

La pondeuse gallicole, rare jusqu'ici dans nos vignes, grâce probablement à la difficulté relative de la formation de la galle parfaite sur la feuille de nos plants indigènes, rappelle étonnamment une forme, par contre, très-commune chez nous, sur les renflements radiculaires, dès la fin de mai à la fin d'août. Cette dernière paraît entrer pour une large part dans la formation des nodosités qui font un peu, sous terre, le pendant de la galle à l'exté-

[1] Par suite de la ponte possible, dans certaines circonstances, des ailés retenus sous forme de nymphes sous terre, on doit pouvoir parfois rencontrer des sexués et l'œuf d'hiver sur les racines.

rieur [1], et contribuer, par là, puissamment au développement des nymphes, en fournissant à beaucoup de pondeuses radicicoles ordinaires et à certains jeunes une nourriture plus abondante et plus substantielle (voy. Rapport de 1875, fig. 3 et 8*g*, et ici Pl. II, fig. 4).

L'ouverture de plusieurs galles, sur feuille de plant américain crû en France, m'a fait voir que *la forme gallicole est représentée, à l'état adulte, par une grosse pondeuse parthénogénique foncée, très-semblable à la grosse larve verte des renflements dont je viens de parler et que j'ai décrite et figurée dans mon dernier rapport [2]. Avec cette mère, j'ai trouvé dans la galle des œufs très-nombreux et des jeunes, probablement de troisième ou de quatrième génération, parfaitement identiques aux jeunes de la race purement radicicole à antennes en large biseau* (voy. Pl. I, fig. 11 et 12).

La grosse pondeuse verte que l'on trouve chez nous sur les renflements (très-rarement sur la racine même) et que je nomme ici *nodicole* [3], paraît donc être fort probablement le produit direct de l'œuf d'hiver ; soit que cet œuf ait hiverné sur les racines, soit qu'éclos sur le bois aérien, le jeune gallicole soit rentré prématurément sous terre, faute d'avoir pu former sa galle [4], tant pour raffer-

[1] Bien qu'ils soient pleins et ne recèlent aucun germe à l'intérieur.

[2] Le Phylloxera dans le canton de Genève, de mai à août 1875, et, auparavant, Archives des Sciences physiques et naturelles, août 1875. Le développement des yeux, bien que chez les deux formes de la galle et du renflement assez incomplet, m'a paru cependant un peu plus avancé chez la première à l'air que chez la seconde quasi-aveugle sous terre.

[3] De *Nodus*, nœud, nodosité, renflement.

[4] Ou bien provient-elle peut-être d'œufs tombés avant l'éclosion ?

mir la race souterraine que pour contribuer à la colonisation, en présidant au développement des renflements et des nymphes (voy. Rapport de 1875, Pl., fig. 3 et ici Pl. I, fig. 13 et 20).

On ne trouve pas de ces grosses pondeuses vierges, *nodicoles* (aptères, vertes, à membres faibles, quasi-aveugles et à antennes grêles) avant la saison des renflements, et l'on n'en voit plus après l'époque de la colonisation.

C'est là la *mère fondatrice* qui vient ensemencer le terrain de radicicoles. Je ne saurais dire si sa ponte, sur les renflements, est aussi abondante que celle de sa sœur dans les galles, mais il m'a paru qu'une fois encastrée dans un renflement (voy. Rapport de 1875, fig. 8), elle pond abondamment et sans relâche. J'ai déjà signalé en passant (dans le dit rapport, p. 18 et 20) que cette grosse pondeuse m'a paru produire plus d'œufs que les radicicoles ordinaires. La destruction des vignes malades m'a empêché de poursuivre mes observations sur ce point.

Sans m'expliquer parfaitement la différence de forme existant entre les antennes des pondeuses nodicole et radicicole, j'avais pensé, à tort, précédemment[1] que la première pouvait bien n'être que le résultat des effets d'une alimentation plus riche sur la seconde (voy. Pl. I, fig. 19, 20 et 22).

La grande analogie de la nodicole avec la gallicole me fait attribuer aujourd'hui à cette forme des renflements une origine très-différente. Fort de deux récentes observations, qui montrent que les formes gallicole et nodicole

[1] Voy. mon précédent rapport; mai à août 1875, p. 20.

reproduisent également, la première sur les feuilles, la seconde sur les renflements, au moins deux ou trois générations d'individus semblables à elles, avant de rendre aux racines la forme purement radicicole qui leur est propre, je comprends maintenant aisément comment notre grosse pondeuse verte, soit nodicole, très-probablement le produit de l'œuf d'hiver prématurément rentré en terre (ou peut-être né sur les racines ?), peut se trouver encore, chez nous, sur les renflements, jusqu'à la décomposition de ceux-ci et la fin de la colonisation.

Le 5 juin dernier, M. Boiteau annonçait à l'Académie[1] que la race gallicole produit sur les feuilles (en France) au moins une ou deux générations d'individus semblables à elle, avant de rendre à la terre la forme qui lui est propre. Huit jours après, examinant sous l'impulsion de cette donnée mes nombreux individus en collection (de Pregny), je trouvais à mon tour une petite pondeuse des renflements que tous ses caractères me désignent comme une jeune nodicole de seconde ou troisième génération. (Cette dernière est figurée, en regard des jeunes d'autres formes : Pl. I, fig. 13.)

Si les descendants de la nodicole sur les renflements se comportent en tout comme ceux de la gallicole sur les feuilles, il faut bien croire alors que c'est la forme radicicole qui pond les œufs d'où sortent les petits qui, sous l'influence de la nourriture succulente des renflements, deviennent d'abord des nymphes, puis des ailés parfaits. De cette manière, chaque race contribuerait également à

[1] Comptes rendus de l'Acad., nº 23, p. 1316.

la formation du cycle, en produisant une forme nouvelle; *les ailés et les sexués directement et à première ponte, les gallicoles et les radicicoles, nicheuses ou plus sédentaires, après quelques générations seulement.* La race radicicole donnerait le jour à la forme ailée; les ailés produiraient les sexués; de ces derniers naîtrait la gallicole (ou nodicole); celle-ci enfin reproduirait la première soit la radicicole.

En face d'une histoire quasi-complète des métamorphoses et des agissements de l'insecte, et le mode de procéder de l'ennemi une fois bien connu, il semble que l'on dût pouvoir chanter bientôt victoire. Toutefois, outre que nous n'avons pas encore des armes suffisantes pour combattre partout et toujours avec avantage, il paraît y avoir encore en jeu divers phénomènes d'*adaptation* produits soit par l'influence de notre sol ou de notre climat sur la transformation des nymphes, soit par l'inhospitalité relative de la feuille de nos vignes, qui compliquent à leur manière la question et semblent devoir faire varier les modes d'action avec les conditions locales (voy. Pl. II, fig. 1, une représentation théorique du cycle et de ses modifications).

C'est un fait généralement reconnu, en botanique et en zoologie, que les caractères et les mœurs d'un individu se modifient sous l'influence des changements de conditions d'existence.

On sait que la vigne, bien plus robuste en Amérique qu'en Europe, résiste beaucoup mieux au *Phylloxérisme* dans le premier de ces continents que dans le second. On a remarqué, en effet, que plusieurs espèces de vignes américaines luttent avec avantage contre les attaques du parasite, que quelques-unes même ne souffrent guère que par les feuilles et sont par conséquent bien moins sérieusement menacées que nos vignes européennes, chez lesquelles la galle des feuilles est moins fréquente, mais la maladie par contre beaucoup plus sur les racines. C'est même à la connaissance de ces faits que l'on doit les essais de régénération de la vigne qui se font maintenant en France, dans les vignobles ravagés, au moyen de certains plants importés du Nouveau Monde. Au risque d'introduire à nouveau le Phylloxera avec ces plantes exotiques [1], plusieurs viticulteurs essayent de mettre en terre comme porte-greffes des pieds américains de Muscadines, d'Euvites ou autres, qu'ils supposent indemnes du Phylloxera par les racines, et de greffer sur ceux-ci des plants européens moins facilement attaquables par la feuille [2]. Ces tentatives paraissent jusqu'ici donner sur plusieurs points d'assez bons résultats. Il semble qu'il y ait dans les racines de quelques espèces américaines des conditions de dureté ou de saveur qui répugnent au parasite, tandis que la feuille de notre vigne européenne se prêterait plus difficilement que celle des vignes d'Amérique au développement de la galle parfaite.

[1] Il est prouvé que ces plantes importées d'Amérique apportent très-souvent le parasite avec elles.

[2] Ces essais ne peuvent être conseillés que dans des contrées assez ravagées pour n'avoir plus rien à craindre d'un nouveau supplément de parasites importés. Je ne saurais donc trop m'élever contre de pareilles tentatives dans un pays comme le nôtre, encore si peu compromis. Plutôt que de risquer d'introduire et répandre la maladie avec des plantes exotiques, attendons de voir le résultat des expériences qui se font maintenant en France.

Mais ces propriétés persisteront-elles, avec l'acclimatation de la plante et du parasite, dans un autre sol, dans des conditions nouvelles de nutrition et sous un autre climat?

Ces observations, qui semblent indiquer une tendance au refoulement de la maladie sur les racines par changement d'habitat, m'amènent à rapprocher ici quelques données et certains faits de l'ensemble desquels il paraît ressortir que : soit en vue d'une *adaptation durable* à des conditions nouvelles, soit pour échapper peut-être à différentes influences délétères jusqu'à plus *complète acclimatation*, l'insecte doit modifier plus ou moins ses mœurs et ses allures. Voici, sur ce point, deux remarques principales :

1. *Les individus issus de l'œuf d'hiver, sur le bois aérien, rentrent, jusqu'ici à Genève, en très-grande majorité et très-promptement dans le sol au printemps; au lieu d'aller former des galles sur les feuilles, ils préfèrent, par suite de l'inhospitalité relative de ces dernières, gagner le chevelu superficiel et y développer des renflements.*

2. *Le cycle des métamorphoses du Phylloxera vastatrix semble pouvoir, au besoin, chez nous et dans certaines conditions, se fermer entièrement sous le sol, sans l'intervention de la forme ailée parfaite.*

1° La première de ces remarques demande à peine des explications. J'ai signalé la grande ressemblance qui existe entre la race *gallicole* sur les feuilles et la forme *nodicole* (grosse verte à antennes subacuminées) sur les renflements radiculaires. En outre, les observations de quelques auteurs français s'accordent pour établir que, même dans le midi de la France, les pucerons nés de l'œuf d'hiver rentrent aussi, dans une certaine proportion, sous le sol dès le printemps [1].

Il n'y a ici de différence par le fait des conditions d'habitat et peut-être aussi sous l'influence de notre taille au ras de la souche, que dans le nombre des individus qui gagnent les feuilles et des sujets qui descendent, au contraire, de suite vers les racines [2]. La ponte, plus ou moins abondante, se fait également dedans ou à la surface d'une sorte de nid, et la race radicicole qui en provient est simplement plus ou moins longtemps exposée à l'air libre ou aux intempéries de la saison.

Bien que le résultat paraisse en définitive le même, au point de vue du développement de l'insecte, il semble cependant que l'on doive tirer de ces deux modes d'agir des conclusions différentes, eu égard au traitement de la vigne et aux précautions à prendre contre la dissémination du parasite par les feuilles.

Toutefois, n'oublions pas que l'on finira peut-être, comme en France, par trouver aussi des galles dans nos vignes, si la maladie continue, et mettons de suite à profit, dans nos opérations préventives, les précieuses observations faites sur une grande échelle chez nos voisins.

2° Passons à la seconde remarque jusqu'ici moins établie, d'une conséquence plus importante et, de fait, plus

[1] Voyez, par ex., Lichtenstein, Moniteur viticole, 24 avril 1876, et *Expériences relatives à la destruction du Phylloxera*, par M. Marion, Comptes rendus de l'Acad. n° 1, 3 juillet 1876.

[2] Peut-être les jeunes gallicoles éclos sur la souche préfèrent-ils en majorité descendre vers le sol, tandis que ceux nés sur un bois moins ancien et plus élevé montent au contraire aux feuilles.

anomale, soit plus contraire à ce qui a été observé jusqu'ici dans d'autres pays.

Voici les quelques données qui appuyent cette idée :

1° Le Phylloxera paraît exister à Pregny depuis sept ans environ ; d'abord dans des serres sur des plantes importées, puis depuis cinq années probablement dans les vignes avoisinantes. Et cependant le fléau n'est pas sorti jusqu'à la fin de 1875 d'un périmètre très-restreint (700 mètres de grand diamètre environ ; abstraction faite de la serre inférieure de M. de Rothschild, isolée au bord du lac). Voy. la carte au Rapport de 1875.

2° Bien que les nymphes se montrent chez nous en très-grand nombre sur les renflements radiculaires, dès le commencement d'août, on n'a jusqu'ici trouvé relativement que très-peu d'ailés parfaits dans notre canton.

3° Il semble que des ailés, sous la forme de nymphes et dans une certaine proportion, restent chez nous sous le sol, faute d'avoir pu terminer leur transformation. (Le prof. Gerstæcker[1] trouva, en décembre 1874, sur des racines recueillies en novembre à Klosterneuburg et conservées à l'alcool, des groupes de jeunes pondeuses aptères autour de deux nymphes qu'il considère comme

[1] Voyez : Sitzungsberichte der Gesell. Naturf. Freunde, zu Berlin, 15 déc. 1874, et Wittmack, Die *Reblaus* ; Berlin, 1875. Gerstæcker et Wittmack, après lui, attribuent aux deux nymphes trouvées en arrière-saison sur une racine la production, pour l'une de 22, pour l'autre de 45 jeunes hivernants groupés autour d'elles. Toutefois, la proximité sur la racine des jeunes et de la nymphe ne me paraît pas suffire à prouver que ces petits dussent nécessairement descendre tous des dites nymphes retrouvées. L'auteur ne nous dit pas, malheureusement, si tous ces jeunes portaient le suçoir complet.

devant leur avoir donné le jour. Cet observateur pensa alors que les nymphes enfouies devaient donner naissance aux radicicoles hivernants et ne paraît pas avoir supposé que ces nymphes dussent, comme les ailés parfaits dont elles ont déjà presque tous les caractères, donner plutôt le jour à des sujets sexués)[1].

4° Le prof. Balbiani, en 1874 [2], a vu en automne, sur les racines, des individus sexués femelles qui ne paraissent pas, je crois, avoir été destinés à pondre sur le bois aérien [3].

5° La grosse pondeuse *nodicole*, dont j'ai parlé plus haut, si semblable à la pondeuse *gallicole* née de l'œuf d'hiver, paraît avoir été peu remarquée jusqu'ici dans le midi de la France où les ailés abondent ; tandis qu'elle est au contraire très-commune chez nous, où les ailés sont encore relativement rares.

[1] J'avais déjà émis cette idée dans mon premier rapport au Département, en août 1875, p. 22. M. Lichtenstein (Ann. agronomiques, t. II, n° 1, p. 12), en 1876, semble partager la même opinion sur les nymphes ; le prof. Gerstæcker aurait même vu des embryons dans ces ailés imparfaits.

[2] Comptes rendus de l'Acad., 2 nov. 1874. M. Balbiani supposa alors que ces sexués pouvaient bien avoir été mis au monde par des pondeuses radicicoles. Il me semble plus rationnel de les attribuer aux nymphes emprisonnées ; car il n'y aurait, je crois, rien de très-étonnant à ce que la nymphe, maintenue forcément par les circonstances sous le sol, arrivât à un état de maturité très-voisin de la perfection et suffisant pour lui permettre de pondre, comme l'ailé parfait qu'elle représente, malgré le développement incomplet de ses ailes.

[3] Le prof. Vogt (Rapport sur le congrès vinicole interdépartemental de Bordeaux ; déc. 1875, p. 21, Genève, 1876) semble, comme moi, douter encore que tous les sexués qui se trouvent en liberté proviennent d'œufs posés par des ailés sur les parties aériennes de la plante.

6° Enfin (fait plus concluant encore, bien qu'il est vrai observé dans des conditions un peu anomales), sur un vase de vigne ensemencé en août 1875 avec quelques nymphes et mis en chartre privée, j'ai constaté : d'abord l'évasion, avant l'automne, de quelques ailés parfaits retenus par la glu étendue sur tout l'intérieur du récipient, puis, ce printemps, le 6 mai, *la présence d'un œuf d'hiver près d'éclore sur les racines.*

En fouillant à fond le dit vase, le 6 mai, je constatai d'abord la disparition totale ou la mort des individus semés en août 1875; puis, étudiant soigneusement les racines de la plante, je découvris sur l'une des plus fortes, à 4 ou 5 centimètres environ de la surface du sol, un *œuf d'hiver* non loin d'éclore. N'ayant pas rencontré sur cette jeune plante d'écorce soulevée pour s'y introduire, le puceron avait déposé son œuf à la surface même de la racine. Ce dit œuf d'hiver me parut un peu plus gonflé que ceux de provenance française que j'avais vus en hiver dans le laboratoire du prof. Vogt. Il avait la couleur jaune-ambrée que signale M. Boiteau quelques jours avant l'éclosion; ses enveloppes laissaient apercevoir un peu, à l'aide d'une forte loupe, les anneaux abdominaux de l'insecte et montraient vers l'extrémité antérieure les taches des yeux à droite et à gauche d'une ligne noirâtre semi-circulaire, probablement la scissure dont parle ce dernier observateur. Il n'y avait pas à s'y tromper, c'était exactement l'œuf d'hiver quelques jours avant son éclosion [1] et tel qu'il venait d'être décrit dans une lettre

[1] Plus tard, au moment de l'éclosion (selon Boiteau), l'œuf se ride de nouveau et prend une teinte d'un brun de chocolat. La co-

au secrétaire perpétuel de l'Académie. Ce que l'on voyait de l'insecte au travers de son enveloppe était tout semblable à un embryon extrait par pression de la coque d'un œuf d'hiver, un peu avant l'éclosion, dans le laboratoire de M. Vogt. Le pédicule qui rattachait l'œuf en question à la racine était si bien desséché, qu'il se rompit malheureusement au simple ébranlement d'un coup de ciseau destiné à isoler la racine qui le portait et que je fus ainsi frustré du plaisir de continuer mes observations sur cet intéressant sujet.

C'est la première fois que l'on a trouvé l'œuf d'hiver sur les racines[1].

Les sept ailés parfaits capturés contre les parois engluées de ma petite serre d'observation, doivent-ils peut-être leur complète transformation aux influences protectrices de la captivité, et les nymphes, plus nombreuses, qui sont demeurées sous le sol, ont-elles presque toutes péri avant d'avoir pu pondre? Il ne paraît pas y avoir eu production de pondeuses radicicoles ordinaires, puisque les racines

que s'ouvre à la ligne noirâtre par une échancrure semi-circulaire qui livre passage au nouveau-né.

[1] Le prof. Balbiani m'écrit qu'il ne croit pas que le Phylloxera puisse pondre sous sa forme de nymphe et que l'œuf en question doit être le produit non d'un sexué, mais plutôt d'un ailé de naissance précoce. Mais, outre que cet œuf était parfaitement caractérisé, on s'explique difficilement, sur les racines en terre, le développement des grandes ailes molles de l'insecte parfait qui ne se fait d'ordinaire qu'à la surface du sol. L'on n'a pas, que je sache, observé jusqu'ici, chez le ***Phylloxera vastatrix***, la double génération printanière d'ailés constatée chez le *Ph. Quercus*, et, si l'habitat dans une serre a pu quelquefois avancer de deux ou trois mois l'apparition de quelques ailés, je ne crois pas cependant qu'un fait semblable puisse être comparé avec le cas de l'œuf dont il s'agit et du vase en question, où toute autre trace de vie avait disparu.

étaient inhabitées ce printemps; mais n'y a-t-il pas eu peut-être une petite génération d'individus sexués? Ces derniers, s'il y en a eu, sont-ils à leur tour en majorité morts avant d'avoir pondu; n'y a-t-il eu qu'un seul œuf produit, ou bien quelques autres œufs d'hiver ont-ils passé pour moi inaperçus? Je n'ai malheureusement pas eu l'idée de faire en automne une visite des racines qui eût pu répondre probablement à ces questions. Il me semble fort possible que, dans mon ignorance de la fragilité du pédicule au printemps, j'aie fait tomber et perdu un ou deux autres œufs d'hiver souterrains, en maniant trop brusquement, ce printemps, au-dessus de la terre qui les avait contenues, les racines du vase en question.

Cette observation, bien qu'isolée jusqu'ici, faite dans des conditions un peu anomales et demandant certainement encore de nouvelles constatations, n'en montre pas moins la possibilité d'un cycle effectué et fermé entièrement sous le sol.

Le vase en question et la petite serre qui le renfermait ont été conservés d'août 1875 à mai 1876 dans une chambre relativement froide et non chauffée durant tout l'hiver [1].

[1] Les petites serres d'observation que j'ai fait construire, avec M. le doct. Ador, dans le laboratoire de ce dernier, étaient en bois et verre, bien fermées par une porte vitrée et, comme je l'ai dit, engluées à l'intérieur, dans le but d'arrêter tout ce qui voudrait échapper. Elles mesuraient environ 75 centimètres de haut, sur 90 de long et 33 de large, de manière à pouvoir, au besoin, contenir chacune deux vases. Nous tenions ces serres dans des conditions de température un peu différentes. Celle dont je viens de parler était il est vrai à l'abri, mais dans une chambre non chauffée durant tout l'hiver. D'autres vases furent soumis aux plus forts gels de cette année.

Des observations de M. Boiteau dans la Gironde, toujours bien en avance sur nous et où les œufs d'hiver commencèrent à éclore vers le 15 avril, du degré de développement de semblables œufs[1] dans le laboratoire du prof. Vogt, dans notre université et de l'observation que j'ai faite sur un vase à Genève, il semble que l'on puisse déduire *l'époque probable de l'éclosion de l'œuf d'hiver, dans nos conditions, entre la dernière semaine d'avril et la première de mai ;* un peu plus tôt ou plus tard selon les années et l'état de l'atmosphère. L'œuf trouvé ce printemps sur les racines paraissait devoir éclore vers le milieu de mai seulement ; mais il ne faut pas oublier que la végétation de la vigne a été cette année de quinze jours au moins en retard.

La dissémination et souvent l'isolement des points d'attaque dans le vignoble de Pregny montrent évidemment que des individus ailés ont dû coloniser, à petites distances, dans l'enceinte actuelle d'infection. Toutefois, on peut hardiment avancer que, jusqu'ici au moins, le développement des ailés parfaits a été, chez nous, moins favorisé que dans le midi de la France ou qu'à Klosterneuburg en Autriche, où l'on voit, au mois d'août et de septembre, et principalement le soir, des myriades de Phylloxeras ailés se transporter par essaims nombreux dans les vignes.

Il est difficile de dire pourquoi beaucoup d'ailés demeurent imparfaits sous la terre. Est-ce influence du sol ou du climat ; la race ailée est-elle peut-être plus délicate que la race souterraine. Il n'est pas facile éga-

[1] Envoyés de France.

lement d'établir la proportion dans laquelle les nymphes se transforment, chez nous, à l'état d'ailés parfaits. Et cependant, c'est sur ces deux questions que reposent l'explication du fait que j'ai cherché à établir et l'importance pour l'avenir des modifications du cycle.

Il est évident que, là où une plus grande quantité d'individus pourront prendre le vol, le fléau se répandra plus vite et plus loin ; tandis que, dans les localités où la maladie disposera d'un nombre plus restreint d'émissaires ailés, le mal s'étendra moins vite et demeurera plus longtemps confiné.

Nous verrons plus loin que ce n'est pas le seul côté de la question de l'extension plus ou moins rapide du mal. *Il est évident, en effet, que nous avons eu jusqu'ici du bonheur et que là où, comme à Pregny, les vignes sont séparées par d'autres cultures, il doit se perdre en route beaucoup plus de colons ailés que dans les localités où toutes les vignes se touchent sur un espace beaucoup plus étendu.*

En octobre 1875[1], M. le prof. Balbiani émit l'hypothèse que la race parthénogénique souterraine du Phylloxera pourrait bien s'épuiser assez vite sous le sol, si elle était livrée à ses seules forces reproductrices. Maintenant, le 17 juillet de cette année (1876), le même auteur communique à l'Académie[2] un travail dans lequel il signale que les tubes ovigères des pondeuses décroissent rapidement en nombre, depuis le premier individu sorti de

[1] *Les Phylloxeras sexués et l'œuf d'hiver.* Comptes rendus de l'Acad., 4 octobre 1875.

[2] *Sur la parthénogénèse du Phylloxera, comparée à celle d'autres Pucerons.* Comptes rendus de l'Acad., n° 13, 17 juillet 1876.

l'œuf d'hiver et né d'un accouplement, jusqu'à la femelle sexuée résultat de tout le cycle des transformations; ce qui revient à dire que la faculté de reproduire baisse toujours avec chaque forme nouvelle et chaque génération. La première pondeuse gallicole porterait jusqu'à 20 à 24 tubes; les radicicoles en automne n'en compteraient plus que 6 à 7, souvent même deux ou trois seulement, les ailés n'en posséderaient au plus que 2 à 4. Enfin, la femelle sexuée n'en aurait plus qu'un. Le produit de cette dernière, par l'œuf d'hiver, reprendrait, sous l'influence fécondatrice du mâle, les 20 à 24 tubes de la gallicole, mère fondatrice aérienne, et ainsi de suite.

Cette observation anatomique montre bien évidemment l'affaiblissement graduel de la race souterraine livrée à elle-même, soit privée du rafraîchissement par les sexués, et l'importance qu'il faut attacher, par le fait, à la recherche de l'œuf de l'hiver et de ses descendants directs destinés à raffermir cette dernière; mais elle ne nous apprend malheureusement pas à quelle limite on peut fixer la durée de la reproduction parthénogénique pure. M. Balbiani a l'air de supposer cette durée assez courte; M. Lichtenstein la croit, au contraire, passablement longue.

J'ai trouvé, le 6 août 1875, à Pregny, des pondeuses et des nymphes en voie de transformation sur de très-petits morceaux de racines oubliés depuis huit mois dans le minage, fait en décembre 1874, d'une vigne condamnée et alors couverte de chaux d'épuration. Ces individus, à moins de la présence de sexués sous le sol, devaient être descendus de générations purement parthénogéniques depuis dix mois au moins. M. Gaston Bazille, en 1874, raconte que l'on a trouvé des Phylloxeras sur une racine enfouie dans un minage depuis trois ans. Le prof. Vogt modifie un peu cette donnée par quelques détails qu'il tient de M. Regis, dans son *Rapport sur le Congrès de Bordeaux*, en décembre 1875 [1]. Enfin, M. Lichtenstein, sur son *Tableau biologique du Phylloxera* [2], représente la race souterraine telle qu'elle a été, suivant lui, observée déjà, pendant trois ans, en série de reproduction indéfinie.

Évidemment la suppression de l'œuf d'hiver facilitera beaucoup le travail curatif des vignes malades ; il faut un remède préventif. Mais, si la force reproductrice de la race parthénogénique ne s'épuise qu'au bout de trois ou quatre années, cette durée de vie doit suffire à compromettre singulièrement tous les vignobles où les colons ailés auront porté le mal ; il faut encore un traitement curatif.

Malheureusement, nous venons de voir que le rafraîchissement semble pouvoir, au besoin, arriver aux pondeuses souterraines sans le concours d'ailés parfaits quittant le sol et pondant à l'air libre.

La rentrée prématurée du produit de l'œuf d'hiver dans le sol et la ponte des sexués s'opérant parfois sur les racines ne sont peut-être également que des états de choses transitoires.

Si la maladie est, avant la fin des travaux à Pregny, sortie déjà de son périmètre connu, ne fût-ce même que

[1] Vogt, l. c. p. 20. La présence de quelques sarments repoussés sur ladite vigne arrachée pourrait, suivant M. Regis, faire supposer le rafraîchissement par des œufs d'hiver déposés sur ceux-ci.

[2] Lichtenstein, Tableau offert au Congrès de Bordeaux (mai 1876).

comme une petite étincelle, et si l'on découvre, cet été ou l'année prochaine, de nouveaux points d'attaque dans le canton, qu'arrivera-t-il avec le temps : *verrons-nous, par suite d'une acclimatation de plus en plus complète de l'espèce à nos conditions (ce qui paraît le plus probable), la galle apparaître sur les feuilles et une proportion toujours plus forte d'ailés parfaits quitter la terre ; le cycle normal demi-aérien demi-souterrain s'établissant définitivement, aurons-nous le malheur de voir bientôt une extension du mal beaucoup plus rapide. Ou bien, le cycle se modifiant de plus en plus et l'espèce devenant, par voie d'adaptation, de plus en plus exclusivement souterraine, pouvons-nous espérer une localisation plus facile et plus complète de la maladie ?*

C'est ce que l'avenir nous apprendra !

Je ne veux pas terminer ce bref exposé de mes observations sur l'histoire naturelle de l'insecte sans remercier sincèrement M. le doct. E. Ador, membre de la Commission scientifique pour le Phylloxera, qui a bien voulu me prêter un local, partager quelques frais et me seconder souvent dans mes recherches.

II. Traitements opérés.

Dans le dernier rapport fait conjointement avec M. Demole-Ador, nous avons rendu compte du traitement qui avait été infligé, durant l'été de 1875, soit aux vignes reconnues malades, soit aux vignobles et jardins avoisinants, dans un rayon de cent mètres à partir de chaque point d'attaque. Le nombre relativement très-réduit des colonies de Phylloxeras que j'ai retrouvées dans le sol, pendant ce dernier hiver 1875-76, m'a prouvé que le travail et les débours de l'été n'avaient pas été faits en vain. Nous avions détruit une proportion énorme de parasites; toutefois ce qu'il en restait pouvait suffire largement à réinfecter promptement le pays. Les opérations de l'hiver étaient donc nécessaires et devaient compléter les précédentes.

Tout a-t-il été enfin tué, nous dit-on maintenant de toutes parts, et pouvons-nous espérer être définitivement débarrassés du fléau ? Il est aussi difficile de répondre à cette question que de dire s'il ne s'est échappé du foyer aucune étincelle qui ait pu, à notre insu, porter déjà le mal en dehors de ses limites reconnues. L'État et ses délégués ont fait tout ce qui a été en leur pouvoir; encore une fois, l'avenir seul nous donnera le résultat définitif.

Si l'on reconnaît cet été (1876) de nouvelles cuvettes phylloxériques dans les vignobles avoisinant le foyer de Pregny, c'est probablement qu'il y a deux ans déjà, en 1874, le *Phylloxera* a colonisé dans les environs et que les dites attaques, alors de première année, ont échappé aux investigations faites en 1875 par les experts nommés à cet effet. Si l'on ne voit réapparaître le mal qu'en 1877, ce sera alors que quelques individus ailés se seront échappés à Pregny avant ou durant le traitement de l'été 1875, puisque, comme nous l'avons déjà souvent répété, les taches ou les cuvettes ne se font guère remarquer avant la seconde année de maladie[1]. Si enfin, en 1878, aucun

[1] Voyez mon précédent rapport, août 1875, pour les caractères extérieurs de la maladie.

point malade n'a été signalé dans le canton, il y aura beaucoup de chances pour que nous ayons détruit le *Phylloxera* et opéré un miracle.

Il ressort de ceci que ce n'est pas avant trois ans que l'on pourra se dire définitivement débarrassé du fléau, si rien de nouveau ne s'est pendant ce temps présenté.

J'ai retrouvé, cet hiver (1875-76), des colonies du *Phylloxera* sur les racines des vignes traitées en été, dans quatre places seulement [1], sur une souche du jardin Dumontay (propriété Piron) et successivement sur trois points peu étendus dans la vigne Panissod, ces points tous dans le bas, du côté nord-est. Dans la plupart des places où les colonies étaient très-puissantes en été, je n'ai plus rien trouvé en hiver. Il a donc péri une énorme quantité de parasites, et l'on doit l'attribuer, je crois, au moins autant au traitement qu'aux rigueurs de nos hivers. Là où je l'ai retrouvé, le parasite paraissait, en effet, en excellente santé, malgré le gel, entre 25 et 50 centimètres de profondeur, d'ordinaire sur des racines de 4 à 6 millimètres de diamètre. J'ai même retrouvé le *Phylloxera* en parfait état, après et pendant les plus grands froids, à 21 centimètres seulement de la surface (8 pouces de profondeur à peu près) dans une terre complétement gelée et dure comme la pierre. A la même époque le Phylloxera

[1] Il est bien possible que quelques petites colonies m'aient échappé dans l'examen, sur les lieux, des racines extraites d'un minage de plusieurs poses, pendant un temps presque toujours excessivement rude et mauvais. Toutefois, les recherches ont été faites, je crois, avec assez de soins, surtout dans les environs des places signalées comme malades, pour donner à ce résultat une assez grande importance.

vivait parfaitement dans deux vases d'observation gelés jusqu'à fond.

Sur les racines extraites en hiver, je n'ai trouvé que de jeunes pondeuses parthénogéniques radicicoles ordinaires, dans la livrée un peu roussâtre de cette époque. Je n'ai rencontré ni œufs hivernants de semblables pondeuses vierges, ni *l'œuf d'hiver*, comme on pourrait s'y attendre, après les faits consignés ci-dessus. Mais je dois avouer, à propos de ce dernier, que je ne me suis occupé alors qu'à chercher à constater l'effet du traitement d'été, par la proportion relative et l'état des pucerons sous le sol. Je n'avais pas encore eu, à ce moment, l'occasion de voir, comme je l'ai vu peu après, l'œuf d'hiver en place; en outre, mon attention n'avait pas encore été aussi fortement attirée sur ce point qu'elle le fut plus tard par la découverte faite au printemps dans le vase dont j'ai parlé plus haut. J'ai remarqué quelquefois des colonies entières de Phylloxeras morts, probablement à la suite du traitement. Beaucoup de racines étaient noircies et comme brûlées superficiellement par le sulfocarbonate; la grande majorité cependant étaient encore pleines de vie.

L'efficacité de notre traitement d'été doit être attribuée selon moi aux deux causes suivantes : premièrement à ce que, contrairement aux recommandations ultérieures de M. Dumas[1], qui conseille le principal arrosage au printemps avant la pousse, nous avons arrosé nos vignes pendant les plus grandes chaleurs, au moment où le plus grand nombre des parasites sont peu profondément en-

[1] *Instruction pratique sur les moyens*..., etc. Comptes rendus de l'Académie; séance du 17 janvier 1876.

fouis et où les nymphes arrivent vers la surface; secondement par le fait que, le sol arable étant peu profond dans les vignes malades, nous avons pu atteindre plus facilement, avec le liquide toxique, les extrémités des racines rarement au-dessous de 1 $^1/_2$ à 2 pieds de profondeur [1]. Un vase reconnu pour fortement phylloxéré et arrosé à haute dose, en été 1875, avec le sulfocarbonate de potasse, fut mis de côté et sous cloche. Je n'y ai plus retrouvé ce printemps de *Phylloxera* et la plante présentait une belle végétation [2].

Sans vouloir discuter ici la valeur du procédé Dumas, qui paraît encore un des plus efficaces, je crois cependant que c'est plus aux conditions dans lesquelles nous avons arrosé qu'à l'action spéciale du sulfocarbonate de potasse qu'il faut attribuer l'issue jusqu'ici heureuse de nos travaux.

Les opérations d'hiver, commencées avec novembre et terminées avant la fin d'avril, ont consisté en un minage complet de toutes les parties malades et suspectes, avec addition de chaux d'épuration ou d'oxysulfure de calcium en plus ou moins grandes quantités suivant les places. Toutes les racines extraites étaient brûlées et facilement consumées avec l'aide d'un peu de bois et de goudron ou de pétrole. Dans les vignes reconnues malades le

[1] Dans la plus grande partie de la vigne Panissod l'on trouvait d'ordinaire la mollasse ou la glaise déjà à deux ou deux pieds et demi de profondeur. En outre, le minage d'établissement avait été fait fort peu profondément et les chapons qui avaient été plantés s'enfonçaient rarement au-dessous de un pied et demi.

[2] Ce vase provenait de la serre supérieure de M de Rothschild à Pregny.

remplissage du fossé de minage renfermait 3 couches de chaux ou d'oxysulfures, une dans le fond, une à mi-hauteur et une à la surface. Pour les parties arrachées par précaution, on s'est contenté de brûler les racines et, par places plus exposées seulement, on a ajouté un petit revêtement.

Tandis que ces travaux se faisaient, je priais le Département et obtenais de faire une petite opération préventive dans la vigne Abele, la plus voisine du foyer d'infection [1]. Bien que je n'eusse rien trouvé en automne sur les racines de ce petit clos, je désirais cependant prévenir si possible quelques chances de malheur en faisant là aussi un petit traitement en vue de la présence possible de l'œuf d'hiver. Avant la fin de février 1876, le bois d'un an de la vigne en question fut coupé et brûlé, puis, le pied de la souche soigneusement décortiqué et l'écorce brûlée, l'on mit au pinceau un collier de goudron de gaz autour du pied de chaque cep, sur une hauteur moyenne de 8 à 10 centimètres. En même temps les échalas étaient enlevés, trempés en partie dans le goudron et remis en place, de manière à présenter aussi, au-dessus du sol, environ dix centimètres de surface goudronnée; cela, dans la crainte que des œufs d'hiver aient pu être déposés sur le bois de 1875 et dans l'espoir d'arrêter par un corps gluant, sur l'échalas comme sur le pied du cep, les pucerons produits

[1] Si je reviens ici sur un traitement signalé déjà dans le rapport technique, où il trouve plutôt sa place que dans cette partie plus purement scientifique, c'est que je tiens à discuter un peu, en passant, la valeur de ces opérations, en entrant dans un peu plus de détails.

de semblables œufs sur la souche, qui voudraient gagner le sol, si des germes avaient été déjà déposés dans cette petite propriété jusqu'alors ménagée.

Les idées qui dictaient ces différentes opérations paraissaient justes en elles-mêmes, mais les rigueurs et les intempéries de l'hiver et du premier printemps ont nui plus ou moins à l'efficacité que l'on pouvait attendre de toutes ces mesures. Le gel prolongé et profond a souvent rendu très-difficile l'extraction des petites racines dans le minage du vignoble Panissod. Les pluies abondantes et persistantes ont ensuite lavé un peu par places la couverture d'oxysulfure. Enfin, le vent combiné avec la pluie a, à son tour, couvert plus ou moins de boue le goudron mis sur le pied des souches dans la vigne Abele[1]. Il était impossible de prévenir tous ces petits accrocs à notre travail durant une saison aussi mauvaise que celle que nous avons eue cet hiver et ce printemps.

Toutefois, le travail a été fait aussi bien que possible, et nous avons tout lieu d'espérer que les frais imposés à l'État en cette occasion ne seront pas sans heureux résul-

[1] Il me semble superflu de parler ici des propriétés insecticides des émanations du goudron introduit dans le sol (voyez : Dumas, Comptes rendus de l'Acad., 17 oct. 1874) ; car je n'avais employé ce corps gluant qu'à l'air libre, pour arrêter si possible les insectes produits de l'œuf d'hiver qui voudraient gagner le sol, et le goudron perd rapidement beaucoup de son action dans ces conditions. L'expérience m'a montré qu'avec un printemps tant soit peu mauvais, ce collier, formant pâte avec la boue, ou restant trop dur, devenait complétement inutile. S'il ne peut pas prendre de suite le petit être qui le touche, il risque plutôt, par son odeur, de le décider à se laisser tomber à terre, comme font beaucoup d'insectes devant le danger.

tats. Nous avons en tout cas détruit les foyers connus et retardé ainsi probablement beaucoup l'extension du fléau, en diminuant les forces de l'ennemi.

Il reste, comme je l'expliquerai plus loin, à veiller attentivement sur les derniers minages, en vue des repousses possibles, et à exercer une active surveillance sur les vignobles sains encore, et tout particulièrement sur ceux qui avoisinent l'ancien foyer d'infection.

La *fragilité* que j'ai constatée, après M. Boiteau, dans le pédicule de l'œuf d'hiver, déjà deux ou trois semaines avant l'éclosion, au printemps, me fait supposer, avec une grande probabilité, que *le dit œuf doit assez souvent tomber directement sur terre,* par le fait d'un ébranlement quelconque ou simplement sous l'action du vent et que, par conséquent, bien des insectes destinés à être gallicoles peuvent ainsi gagner le sol sans avoir été sur les feuilles et sans avoir davantage passé par le collier de sûreté disposé autour du cep.

L'abondance au printemps, sur les renflements du chevelu peu profond, des grosses pondeuses que j'ai appelées *nodicoles* et qui, je le répète, rappellent à s'y méprendre la pondeuse *gallicole* adulte, semble appuyer fortement cette idée.

La meilleure partie du traitement préventif infligé ce printemps à la vigne de M. Abele a donc été d'avoir taillé de très-bonne heure et d'avoir brûlé tout le bois rabattu avant l'époque de la fragilité de l'œuf; car si, comme je le crois, le sexué peut pondre sur le bois d'un an, là où la taille ne lui en laisse pas d'autre au-dessus des cornes de la souche, nous avons dû supprimer une grande chance d'infection [1]. Si j'avais pu prévoir l'inefficacité du goudron en collier, j'aurais plutôt seringué fortement alors le pied et les cornes de chaque souche avec du sulfocarbonate [2].

Je suis heureux de pouvoir dire, en terminant cette seconde partie de mon rapport, que les oxysulfures employées dans le minage et comme couverture se sont montrés des agents de destruction au moins aussi puissants que la chaux d'épuration [3], *que les repousses de vigne sont nulles jusqu'ici (25 juillet) dans les parties traitées et que les vignobles avoisinants ne paraissent nullement en souffrance.* Puissent l'avenir et les perquisitions des nombreux experts nommés par l'État ne pas venir jeter une ombre sur cet aspect rassurant.

III. Directions pour l'avenir.

La question du traitement des vignes est, aussi bien que celle des agissements variables de l'insecte, très-complexe, comme on le voit. Il est difficile de donner jusqu'ici des conseils bien fondés. Néanmoins je vais essayer, avant de clôturer ce rapport officiel déjà trop long, de tirer de ce que j'ai vu et appris quelques recommandations et quelques directions pour l'avenir.

[1] La vigne Abele, malgré le mauvais temps, n'a pas souffert du tout de cette opération si hâtive.

[2] Le badigeonnage au pétrole paraît nuisible à la plante. Voyez *Expériences relatives à la destruction du Phylloxera*, par M. Marion. Comptes rendus de l'Acad. n° 1, 3 juillet 1876.

[3] Malheureusement ces oxysulfures nous revenaient, à Pregny, plus de trois fois plus cher que la chaux qui nous faisait défaut.

On n'a encore signalé jusqu'ici (fin juillet 1876) *aucun nouveau point d'attaque* dans le canton, en dehors des parties traitées, et le mal semble encore confiné dans ses limites de 1875. Cependant, nous ne savons pas ce que les nouvelles perquisitions qui commencent peuvent nous révéler, particulièrement dans les vignobles voisins de Pregny, et c'est en vue de cette éventualité qu'il est bon de se prémunir et de se tenir sur ses gardes.

Je rappellerai d'abord que l'année phylloxérique peut être divisée, comme je l'ai fait dans mon premier rapport, en trois saisons à limites un peu variables selon les années et les influences atmosphériques[1].

1° Une *saison hivernale* de somnolence pour le Phylloxera (à l'état de pondeuse vierge radicicole ordinaire, rousse) sur les racines, et de vie latente pour l'œuf d'hiver, sous l'écorce du bois aérien[2]; chez nous, approximativement, de fin octobre à fin avril[3].

2° Une *saison verno-æstivale* d'éclosion pour l'œuf d'hiver, de pontes sur les feuilles par la gallicole issue de ce dernier, de rentrée dans le sol des produits de la dite gallicole, de formation des renflements sur le chevelu et de grande activité sur les racines pour la forme radicicole; chez nous entre la fin d'avril et la fin de juillet. (La race exclusivement radicicole, qui ne quitte pas le sol de toute

[1] La pousse des racines a été, par exemple, cette année de près de trois semaines en retard sur celle de l'an passé ; l'apparition des renflements a dû être, entre autres, retardée d'autant.

[2] Parfois aussi, semble-t-il, sur les racines.

[3] De nouvelles observations m'ont forcé de reculer un peu la limite établie dans mon premier rapport.

l'année, continue de sucer et de multiplier après cela jusqu'en arrière-automne).

3° Une *saison æstivo-automnale*, durant laquelle la colonisation s'opère, les nymphes se transforment, les ailés prennent le vol et vont déposer leurs œufs sous les feuilles[1], les sexués nés de ces derniers cachent leur œuf unique (d'hiver) sous l'écorce du bois[2]; ceci de la fin de juillet à la fin d'octobre approximativement.

Voilà les grands traits de la vie du Phylloxera pendant l'année entière. Nous avons vu que cela peut se passer un peu différemment pour quelques individus, dans certaines circonstances; mais les saisons ne changent pas.

Il ne sera peut-être pas superflu, pour être complet, de rappeler encore ici, en quelques mots, les divers aspects de la vigne atteinte et la marche de l'extension de la maladie sous le sol. La piqûre de l'insecte, qui pompe les sucs de la racine et fait développer des renflements sur les jeunes pousses, amène après elle d'abord la pourriture, puis la mort des organes nourriciers et par là finalement la perte de la souche par inanition. Les renflements, d'abord jaunes à l'état frais, puis bruns ou noirâtres par suite de la pourriture et du dessèchement, affectent des formes et des dimensions assez variables. On en voit qui sont arrondis, d'autres sont oblongs et plus ou moins acuminés au sommet, beaucoup sont recourbés en forme d'U. Il y en a qui n'ont que trois à quatre millimètres de longueur, d'autres mesurent un ou même parfois jusqu'à deux centimètres de grand axe. Quelquefois ils paraissent

[1] Parfois aussi sur le bois.

[2] Parfois aussi, semble-t-il, sur les racines.

isolés çà et là au bout des radicelles; d'autres fois ils se présentent en assez grand nombre pour former un peu comme de petites grappes. Un œil exercé ou, à défaut d'habitude, la loupe montrera bien vite sur ces nodosités une ou deux pondeuses nodicoles et radicicoles, ainsi que des œufs et des jeunes en plus ou moins grand nombre (voy. Pl. II, fig. 4).

Sauf quelques cas foudroyants assez rares et attribuables ou à la faiblesse de la plante attaquée, ou à la pauvreté du sol, ou à une surabondance de parasites, la maladie présente, le plus souvent, trois phases assez distinctes et correspondant à trois années successives.

J'ai déjà parlé des symptômes de ces diverses phases [1], aussi serai-je ici très-bref sur ce sujet.

Les attaques de *première année* se traduisent peu ou pas à l'extérieur, parfois même la vigne paraît avoir, sous cette influence morbide, comme une surexcitation de vie momentanée, et pourtant les pousses du chevelu peu profond présentent déjà des nodosités ou renflements jaunâtres.

Dans la *seconde année*, et dès le printemps, on voit apparaître dans les vignobles des dépressions éparses de la végétation, soit comme des cuvettes subarrondies [2].

[1] Dans mon précédent rapport de 1875, p. 25.

[2] Parfois, rencontrant un obstacle sous terre, les parasites sont forcés de s'étendre plus loin du centre d'un côté que de l'autre et alors la cuvette prend une forme plus allongée ou plus accidentée. D'autres fois, les phalanges rayonnant autour de deux centres voisins venant à se rencontrer sur les racines de quelques plantes situées entre les deux foyers, il arrive de rencontrer alors une ou quelques souches beaucoup plus malades au milieu d'autres d'apparence encore assez bonne.

Épuisée déjà un peu par les nombreuses piqûres de l'an passé, la plante malade n'a pas pu pousser un bois aussi fort que les souches non attaquées. Le mal s'est répandu en même temps sur les racines plus profondes et, en rayonnant autour du premier point d'attaque, sur les souches avoisinantes. Les plantes centrales dans la cuvette sont plus profondément malades que leurs voisines, atteintes qu'elles sont depuis plus longtemps. Les petites racines des premières ont pris une teinte noirâtre et ont l'écorce soulevée sur bien des points; ces plantes n'ont souvent déjà presque plus de chevelu, tandis que celles, plus récemment attaquées et de plus en plus hautes en bois, sur le pourtour, présentent encore des radicelles et des pousses nombreuses avec des renflements. Les feuilles sont encore vertes, il y a même encore du raisin par places; ce sont les échalas qui, mis à nu, font tache dans la vigne (voy. Pl. II, fig. 2 et 4).

Dans la *troisième année*, les cuvettes se sont encore augmentées et les souches centrales, sur un plus grand espace, sont bien près de mourir, si on ne leur porte pas promptement secours. Elles n'ont plus que des racines noirâtres à écorce soulevée et sans chevelu ni radicelles, le bois a peu ou pas poussé; c'est à peine si on leur voit quelques maigres petites feuilles jaunâtres et racornies. C'est seulement dans cet état extrême que la vigne paraît jaune. On rencontre souvent dans nos vignobles des souches atteintes de *jaunisse*; toutefois, cette coloration anomale n'a aucun rapport avec la maladie occasionnée par le Phylloxera. Des feuilles jaunes ne doivent donner aucune inquiétude si elles sont bien développées et portées sur un bois de belle venue (voy. Pl. II, fig. 2, 3, ainsi que 5 et 6 comparées).

En somme, il n'y a que deux manières de lutter contre l'ennemi; *premièrement en cherchant à détruire les nombreuses phalanges du parasite sous le sol, dans les vignes malades; secondement en s'opposant à la rentrée en terre des descendants aériens des colons ailés dans les vignobles encore sains par les racines.*

M'adressant ici plus spécialement aux experts nommés par l'État et chargés de la surveillance des vignobles du canton, je vais d'abord exposer les quelques armes que l'expérience nous a mis en main pour la lutte; cela succinctement, puisque chacun pourra toujours en référer à cet égard et trouver des instructions auprès des commissions nommées à cet effet. Puis, je décrirai en quelques mots les différentes perquisitions et observations que les dits experts auront à faire, à divers moments de l'année, dans les vignobles, soit pour porter secours aux places malades, soit pour découvrir les nouveaux points d'attaque sur les racines, soit encore pour s'opposer autant que possible à la colonisation aérienne.

Il nous faut un remède *curatif* et un traitement *préventif*.

La maladie ne commençant réellement pour la vigne qu'à partir du moment où le parasite a gagné les racines, j'appelle *préventif* le traitement opéré sur les souches compromises ou menacées dans le but d'empêcher le puceron de gagner le sol. Bien que proposés en grand nombre, les moyens de guérison et de précaution sont encore assez insuffisants.

Je ne veux pas parler ici de tous les procédés de traitement qui ont été mis en avant en divers lieux ; qu'il me suffise de dire ici quelques mots des plus connus et des plus simples, de ceux que nous avons été à même d'expérimenter chez nous et de quelques autres qu'on pourrait leur ajouter avec avantage [1].

A. Comme *traitement curatif* nous avons employé avec succès : les arrosages au sulfocarbonate de potasse étendu d'eau, ainsi que le mélange dans le sol et la couverture de celui-ci avec de la chaux d'épuration ou des oxysulfures de calcium.

Il a été reconnu que le sulfure de carbone tue très-rapidement le Phylloxera et que la potasse régénère assez vite le chevelu des plantes malades. La principale difficulté est de faire parvenir le liquide toxique jusqu'aux extrémités des radicelles profondes, pour atteindre partout

[1] On préconise maintenant, en France, l'usage du sulfure de carbone introduit liquide sous le sol, au moyen du pal distributeur de M. Allies ou simplement d'un pieu en fer. Cette substance, dangereuse pour la plante, si elle n'est pas employée avec beaucoup de précautions, ainsi que nous l'avons expérimenté, aurait l'avantage de coûter un peu moins que le sulfocarbonate de potasse, mais serait cependant moins favorable à la régénération des racines que les composés mélangés de potasse ou de soude. On a essayé aussi un mélange de sulfocarbonate et de tourteau de lin introduit, au pied de chaque cep, dans deux trous pratiqués avec une bêche longue ; ce composé, qui conserve longtemps son sulfocarbonate, aurait pour but de tenir lieu de plusieurs arrosages successifs. Enfin, tout dernièrement, M. Mouillefert raconte avoir obtenu de très-heureux résultats avec les sulfocarbonates de sodium et de baryum bien moins coûteux que celui de potasse. Il semblerait, toutefois, que le composé de sodium régénérerait un peu moins vivement les racines, et que celui de baryum nécessitât une plus grande quantité d'eau surajoutée ou de pluie pour sa diffusion. Voyez, à cet égard, les communications récentes de MM. Allies, Marion, Delachanal et Mouillefert, dans les nos 24 (12 juin), 25 (19 juin) et 3 (17 juillet 1876) des Comptes rendus de l'Académie.

le parasite. Nous avons arrosé chaque souche avec 20 centimètres cubes de sulfocarbonate de potasse étendus dans dix litres d'eau, et dilués encore en terre par l'addition d'une quantité égale d'eau pure versée par dessus. La plus grande partie des insectes ont été tués et peu de racines ont péri. On peut augmenter légèrement ou diminuer la dose, suivant que les racines sont plus ou moins profondes.

Selon M. Jaubert, 11 grammes de sulfocarbonate de sodium ou de potassium ont fait, en France, le même effet sur un mètre carré que 45 grammes du même insecticide. Il est donc inutile d'employer des doses trop fortes. Au lieu de risquer nuire à la plante qu'on veut sauver par un arrosage trop violent, il vaut mieux faire deux ou trois opérations à doses plus faibles. Le même auteur recommande, comme économie de temps et d'argent, le pal distributeur de M. Geyrand [1].

La chaux et les oxysulfures ont pour but de tuer par leurs émanations, ou d'éloigner de la surface du sol, soit les insectes souterrains qui voudraient sortir, soit les aériens qui voudraient entrer. Nous avons mis trois couches de un centimètre environ de ces substances dans les minages, pour détruire les insectes qui pourraient encore subsister. Toutefois, les arrachages ne sont à conseiller que dans les vignes *condamnées* et dans les cas, comme celui de Pregny, où l'on peut espérer détruire par la racine, ou arrêter au commencement de son développement, un mal encore localisé au centre de vignobles en bonne santé. Peut-être pourrait-on essayer de faire une légère couverture du sol, avec l'une de ces substances,

[1] Voy. Comptes rendus de l'Acad., n° 1, 3 juillet 1876.

dans les vignes partiellement *malades* que l'on espère sauver par l'arrosage, ainsi que dans celles qui paraissent *compromises* ou sérieusement *menacées.*

Il est inutile de dire que tous les bois coupés et toutes les racines arrachées dans les vignes malades doivent être incontinent détruits par le feu ou au moins ébouillantés.

La chaux d'épuration que l'on a malheureusement de la peine à se procurer en suffisance, nous a coûté à Genève environ 40 centimes les 100 kilog. et, avec le transport, à peu près 80 centimes à Pregny. Les oxysulfures que l'on a dû faire venir de Lyon, à défaut de chaux, ont été payés à raison de 1 fr. 25 c. les 100 kilog. et sont revenus à 2 fr. 70 c. la même quantité rendue à Pregny. Le prix du sulfocarbonate de potasse, dont la fabrication s'étend beaucoup, baisse de plus en plus. Cette substance qui nous est revenue, rendue à Pregny, à 150 fr. les 100 kilog., coûte maintenant beaucoup moins cher. Les sulfocarbonates de sodium et de baryum, essayés avec succès en France, sont encore bien moins coûteux.

Voyez plus haut, dans ce rapport et dans le précédent (sept. 1875), le mode d'application de ces procédés curatifs.

Le principal arrosage me paraît devoir se faire vers la fin de juillet ou le commencement d'août, selon les années, pour atteindre plus facilement soit les nymphes près de sortir et de devenir colons ailés, soit un grand nombre de pondeuses aptères alors très-près de la surface. On peut aussi arroser au premier printemps, avant la pousse de la vigne et avant que l'insecte réveillé commence à émettre ses œufs plus difficiles à tuer, ou en automne, après la récolte, avant que les pucerons soient engourdis.

Plusieurs arrosages pas trop forts valent mieux qu'un trop violent. Si l'on veut faire deux opérations, je préférerais l'arrosage du printemps à celui de l'automne, parce que l'on peut préparer la vigne à cet effet, en la rompant, et que l'on peut en même temps arroser le bois, en vue de l'éventualité de l'œuf d'hiver. Mais, je le répète, une vigne sérieusement compromise, ou les places malades dans une vigne attaquée, devront être en tous cas arrosées en été, non plus seulement pour guérir les plantes malades, au risque de diminuer la récolte, mais encore et surtout pour préserver de l'infection les vignobles avoisinants.

Il est difficile d'établir le prix de revient des traitements par souche, par le fait que la main-d'œuvre varie énormément soit avec les époques, soit avec les localités.

Je ne saurais trop, à ce propos, *recommander aux propriétaires de vignes de creuser çà et là dans leurs vignobles des puits pour récolter et conserver les eaux* si nécessaires en cas d'arrosages forcés.

B. Le *traitement préventif* a pour but d'atteindre les ailés et leurs descendants aériens avant que ceux-ci rentrent en terre pour fonder une nouvelle colonie sur un point encore épargné. Dans ce but, on peut, dans les vignes compromises, d'abord tailler de bonne heure et brûler le jeune bois avant l'époque de la fragilité de l'œuf d'hiver au printemps, pour le cas où ces rameaux porteraient des germes dangereux, puis badigeonner fortement les souches, avant l'éclosion, avec un mélange de soude et d'huile lourde [1]. Un peu plus tard, on pourra faire des

[1] Ce préservatif, essayé avec succès en France, se fait de la manière suivante : On dissout d'abord 25 % de carbonate de soude

arrosages ou des seringuages sur les jeunes feuilles, avec le sulfocarbonate de potasse ou avec une forte solution de savon noir, en vue des jeunes gallicoles. On peut aussi étendre, comme je l'ai dit, sur le sol une fine couche de chaux ou d'oxysulfures. Ce ne serait même pas un sacrifice inutile, si le mal était déjà trop répandu, de brûler toutes les pousses et les feuilles qui pourraient receler des insectes ou des œufs et d'arroser au pied des ceps ; on sacrifierait une récolte pour en sauver beaucoup d'autres [1].

De même que les pieds des effeuilleuses en été peuvent, par un temps humide, transporter de place en place les parasites souterrains montés à la surface du sol, ainsi les feuilles laissées à terre dans les vignes voisines d'un foyer d'infection, lors de la dernière culture de printemps, peuvent aussi répandre sur le sol le produit des pucerons aériens.

Vers la fin de l'été et au commencement de l'automne, lorsque les ailés ont colonisé, il ne serait pas mal d'arroser ou de brûler les feuilles, en vue des dits ailés, de leurs œufs et des sexués dans les vignes compromises. Il serait même passablement prudent d'arroser aussi le bois du cep. Mieux encore, là où l'arrivée du mal a été con-

dans 75 % d'eau de citerne, à chaud, puis on mélange, en agitant, ce produit avec 25 % d'huile lourde de goudron de gaz ; enfin, dans un seau contenant 5 litres d'eau, on mettra ½ litre de cette préparation à 50 %. Il est bon d'avoir, dans le seau, un double fond grillé, pour empêcher le pinceau de plonger dans le dépôt, et il faut souvent agiter le mélange en s'en servant. Selon M. Boiteau, qui a eu l'obligeance de me communiquer des notes sur ce procédé contre l'œuf d'hiver, ce traitement reviendrait 20 à 25 francs par hectare.

[1] On a essayé aussi, en France, une opération beaucoup plus longue et difficile qui consiste à décortiquer soigneusement les souches avec une brosse de fer, avant que de badigeonner le bois avec un insecticide.

statée un peu tard, on pourrait tailler déjà après récolte, brûler le bois et badigeonner la souche.

Voyons maintenant, au risque de nous répéter parfois, la *tâche des experts* dans chacune des trois saisons phylloxériques.

1° Durant la *saison hivernale* (de novembre à avril), on doit se livrer à la recherche de l'œuf d'hiver sur le bois aérien, sous l'écorce des souches des vignes considérées comme *menacées* [1]; cela dans le but de déterminer avant le printemps les points *compromis* et pour pouvoir faire exécuter à temps les tailles, brûlages, badigeonnages et arrosages nécessaires. Il y a en outre, pour les experts, la surveillance des dits travaux d'hiver, traitements préventifs variés, dans les vignes *compromises*, et minages, s'il y a lieu, dans les vignes *condamnées*.

2° Pendant la *saison verno-æstivale* (de mai à fin juillet), il faut parcourir les vignobles *malades, compromis* et *menacés*, premièrement pour chercher les cuvettes, indices de maladie de seconde année; secondement pour tâcher de découvrir les traces de nouvelles attaques. Ces dernières pourront être constatées: d'abord par la rencontre, sur les bourgeons ou dans le duvet de la face supérieure des jeunes feuilles, des insectes issus de l'œuf d'hiver, peu après par la constatation de piqûres avortées rougeâtres sur les feuilles ou de petites galles plus ou moins imparfaites (très-rares chez nous) à la face inférieure de celles-ci; enfin, par la découverte, sur des plantes de belle apparence encore, de renflements au chevelu quasi-superficiel.

[1] Voyez pour la recherche de l'œuf d'hiver : *Le Phylloxera ailé et sa descendance*, par M. Boiteau ; Libourne, 1876.

Il ne faut pas confondre les cuvettes phylloxériques avec les appauvrissements de la végétation dus à la présence du *blanc* (mycelion) qui couvre plus ou moins les racines tantôt de filaments blancs, tantôt de petits champignons blanchâtres en parasol. Les espaces, ainsi attaqués par le végétal parasite, présentent des formes toujours plus vagues ou moins régulières[1]. Il ne faut pas non plus prendre les boursouflures que forme la *cloque* sur les feuilles pour des galles du Phylloxera; la végétation blanchâtre que l'on voit à la face inférieure de ces boursouflures ne ressemble en rien à la petite cupule verdâtre ou rougeâtre qui résulte de la piqûre de l'insecte gallicole. Enfin, il ne faut pas confondre avec le Phylloxera les petits arachnides blanchâtres que l'on trouve, souvent en grande quantité, soit sur le bois, soit sur les racines de la vigne; ces derniers, de même taille à peu près, se feront toujours reconnaître d'emblée à la présence de huit pattes au lieu de six.

Durant l'été, de juin à septembre, les experts devront encore exercer une surveillance active sur les vignes *condamnées et arrachées par précaution*, en vue de détruire toutes les repousses qui pourraient héberger encore des parasites capables de coloniser dans les environs.

Enfin, là où l'on aura déterminé des places malades, il faudra aussi faire préparer à temps les arrosages de fin juillet ou commencement d'août et surveiller ce traitement. Joignez à ceci que, là où l'on aura reconnu des parasites

[1] L'on trouve aussi très-souvent dans les vignes des souches en souffrance, sous l'influence de l'âge, du défaut de soins, de l'humidité, d'un mauvais coup de pioche dans la culture, ou de la trop grande proximité d'arbres à racines envahissantes.

sur les feuilles, il serait assez prudent de brûler celles-ci, en été, avant la rentrée de l'insecte dans le sol [1].

Les ouvriers qui donnent, au printemps, la dernière culture à nos vignes et remanient le sol au niveau du chevelu superficiel devraient avertir leur maître de la moindre rencontre de renflements sur les radicelles. De même, les effeuilleuses qui, en juillet, tiennent toutes les souches de nos vignobles, devraient aussi faire rapport à leur maître sur les places qui leur paraissent en souffrance, celui-ci aviserait un expert du voisinage, lequel devrait de suite visiter le point indiqué et avertir la commission.

Le propriétaire d'un vignoble partiellement attaqué fera bien de toujours faire commencer, chez lui, les divers travaux de viticulture, par les parties saines, en finissant par les parties malades, pour ne pas risquer de faire transporter le mal par les pieds des ouvriers et ouvrières.

3° Durant la *saison æstivo-autumnale* (fin juillet à fin octobre), les experts devront tenir compte de la direction des vents et, guidés par le sens de ces courants susceptibles de transporter le parasite ailé, chercher ce dernier soit sur le sol au pied des souches où il séjourne volon-

[1] Ce moment n'a malheureusement pas encore pu être déterminé exactement. Nous avons vu qu'à Genève beaucoup d'insectes issus de l'œuf d'hiver gagnent le sol au mois de mai, pour devenir *nodicoles*, au lieu de monter aux feuilles; mais, n'ayant point encore trouvé de galles à Pregny, nous ne saurions dire à quelle époque la race radicicole, issue des gallicoles sur les feuilles, rentrerait chez nous dans la terre. Les observations de M. Boiteau, dans la Gironde, montrent que les descendants du produit de l'œuf d'hiver, dans les galles, n'ont pas encore acquis, en juillet, la forme radicicole avec laquelle ils doivent gagner le sol. Il est donc probable qu'il doit y avoir encore des parasites sur les feuilles au moins jusqu'au milieu de l'été, si ce n'est jusque vers la fin de celui-ci.

tiers un peu avant de partir, soit sous les feuilles basses où il va parfois chercher un abri en cas de mauvais temps, soit encore sous les feuilles plus élevées ou sur le bois où il se prépare à pondre après un voyage plus ou moins long, soit enfin, dans les toiles d'araignées où il est arrêté dans sa fuite, tant entre les souches des vignes que le long des haies qui séparent les vignobles. Ils pourront ainsi déterminer à peu près l'extension du mal et prévoir, jusqu'à un certain point, la ou les directions de la colonisation. Il ne faut pas confondre avec le Phylloxera ailé un petit moucheron qui se trouve aussi fréquemment arrêté dans les toiles d'araignées de nos vignes; ce dernier, à peine un peu plus gros, est plus jaunâtre ou plus pâle, avec une tête plus petite et dégagée, des antennes et des pattes plus longues, et deux ailes plus courtes.

Dans la même saison, l'on peut trouver aussi : tantôt les œufs des ailés entre les nervures de la face inférieure des feuilles ou même sur le bois, tantôt les sexués, nés de ceux-ci, sous les feuilles ou sur le bois où ils descendent pour pondre l'œuf d'hiver.

Il ne faut pas négliger d'infliger, avant le printemps, un traitement préventif sérieux à toutes les vignes dans lesquelles on a rencontré les ailés ou leurs descendants.

Il est encore à temps pour faire, de suite après la récolte, un arrosage dans les vignes *malades*.

Les perquisitions de la fin de l'été, d'automne et d'hiver ont toutes pour but d'indiquer à l'avance les places *compromises*, pour que l'on puisse parer à la rentrée en terre des nouveaux colons au printemps.

Toutes les repousses devront aussi, pendant la seconde

saison semi-æstivale, être soigneusement cherchées et détruites dans les vignes arrachées, pour sauver les environs.

Les experts devraient être munis d'un petit sarcloir ou d'une petite pêle carrée[1] pour déchausser les souches, d'une loupe[2] pour faciliter la recherche de l'insecte dans les diverses circonstances, et de trois ou quatre tubes de verre, de dix à douze centimètres au moins et bien bouchés, pour y soigner les pièces de conviction[3].

Que Messieurs les experts n'attendent pas dans l'inaction les rapports des propriétaires intéressés et ne se refient pas trop les uns sur les autres. Un mal que l'on n'attaque pas aux premiers indices est souvent fort difficile à déraciner plus tard. Personne ne doit rester dans l'inaction sous prétexte d'incompétence; il y a maintenant des experts dans chaque commune, ceux-ci peuvent toujours en cas de doute s'adresser à leur président d'arrondissement, enfin, ce dernier peut toujours, à son tour, en référer à la commission scientifique ou cantonale, pour tout ce qui tient aux visites à faire et aux mesures à prendre[4].

Voilà bien des recommandations qui s'adressent à la fois à nos viticulteurs, aux experts nommés dans nos campagnes et aux hommes de science. Chacun doit, me sem-

[1] Un instrument très-pratique se fait au moyen d'une canne dont le bout se dévisse et où l'on peut adapter un petit instrument, sarcloir ou pêle, susceptible d'entrer dans la poche.

[2] La loupe doit avoir de préférence deux lentilles, une plus faible pour chercher avec un champ plus vaste et une plus forte pour étudier de plus près les places, êtres ou objets douteux.

[3] L'État s'est engagé à fournir la loupe aux experts qu'il emploie pour la surveillance du canton.

[4] Voyez, plus bas, les adresses des commissaires et des experts.

ble-t-il, prêter ici son zèle et ses connaissances au bien du pays, en face d'un fléau que l'exemple de la France et de l'Allemagne nous montre de plus en plus dangereux et envahissant.

C'est dans le but d'éclairer et de guider les observateurs futurs que je donne, à la suite de ce rapport, un essai de *Calendrier phylloxérique* destiné à présenter d'une manière brève, claire et pratique, soit les divers agissements du parasite, soit les recherches et opérations qui peuvent être faites dans chaque mois. Pour abréger, je désigne par un mot l'état relatif des différentes vignes. 1° Une vigne trop malade pour être sauvée et d'un voisinage trop dangereux sera, pour moi, une *vigne condamnée;* 2° une vigne attaquée, mais guérissable sera dite *malade;* 3° une vigne non encore attaquée aux racines, mais où l'on aura vu des ailés en automne, ou l'œuf des sexués sur le bois en hiver, ou des gallicoles sur les feuilles au printemps, sera dite *compromise;* 4° enfin, une vigne *menacée* sera une vigne simplement très-exposée par sa position par rapport aux foyers reconnus.

Parmi ces nombreuses prescriptions, il faut savoir choisir, dans chaque circonstance, l'observation la plus opportune à faire ou le remède le plus propre à appliquer. On ne peut pas tout faire à la fois; mais chaque chose a son temps et il faut, selon les cas, employer tel ou tel remède préventif ou curatif. C'est de la diligence des experts dans leurs différentes recherches et de la justesse ainsi que de la promptitude des décisions de la commission que dépend en grande partie le salut de nos vignobles.

N'arguons pas des rigueurs de nos hivers, du peu de

profondeur de notre sol arable dans bien des localités et de notre manière de tailler la vigne, pour nous endormir dans une insouciance que rien ne saurait justifier.

Bien que la brièveté de la belle saison et les brusques changements de l'atmosphère puissent modifier un peu, chez nous, les allures de l'insecte, je suis convaincu, cependant, comme je l'ai déjà dit, que, malgré le petit nombre des colons ailés, le fléau se serait répandu bien plus vite si, au lieu d'être isolées, comme à Pregny, par des cultures d'autres natures, les vignes attaquées s'étaient au contraire trouvées faire partie d'un vignoble continu et répandu, comme dans le canton de Vaud, sur un beaucoup plus grand espace.

On n'a, je le répète, jusqu'ici (fin juillet 1876) rien encore observé de suspect en dehors des points traités où tout paraît même avoir été détruit. Profitons donc du répit que nous donnent les travaux exécutés et les onéreux sacrifices imposés à l'État, pour surveiller sérieusement nos vignes et nous préparer au combat. N'allons pas perdre, par pure négligence, le fruit de bien des recherches souvent pénibles et difficiles, et mettre ainsi en danger les vignobles beaucoup plus importants de nos voisins.

L'extension toujours plus grande que prend, de jours en jours, la maladie dans les pays limitrophes et l'aspect des misères que celle-ci entraîne après elle doivent vaincre, semble-t-il, l'apathie et l'incrédulité de tout le monde. Il est important que chaque propriétaire comprenne que, pour lui comme pour le pays, le moindre retard dans une déclaration de souffrance de ses vignes serait une faute irréparable et un tort incalculable fait soit à son vignoble, soit à celui de son prochain.

J'ai dit, plus haut, qu'il ne faut pas songer à remplacer maintenant nos vignes malades par des plants américains, ainsi que cela se fait en France, au centre de localités dévastées et tout à fait condamnées. Notre pays s'est, en effet, assez bien défendu et est jusqu'ici relativement trop peu malade pour que ce ne soit pas une grande erreur que de risquer ramener le parasite chez nous, en introduisant des plantes étrangères souvent chargées de pucerons.

Bien qu'entouré de toutes parts par le fléau qui ravage la France, ainsi que plusieurs parties de l'Allemagne, et qui a même, dit-on, gagné maintenant le nord de l'Italie, notre petit pays pourrait peut-être échapper au désastre, si, tout en travaillant à éteindre chez nous un premier foyer allumé par l'importation, nous veillons attentivement aux frontières pour arrêter l'ennemi. De hautes montagnes nous protégent encore de plusieurs côtés; ne permettons donc pas au commerce d'annihiler, par suite d'une négligence coupable, la protection que nous accorde si largement la nature.

Souhaitons ardemment que le gouvernement fédéral et toutes les autorités cantonales tiennent encore vigoureusement et longtemps la main à ce que ni bois, ni racines, ni feuilles même de vigne étrangère ne soient importés dans toute l'étendue de la Confédération suisse.

Dr Victor FATIO,

Délégué du Département de l'Intérieur du canton de Genève pour la surveillance, l'étude et le traitement des vignes du canton.

Valavran, 30 Juillet 1876.

EXPLICATION DES PLANCHES

PLANCHE I

PHYLLOXERA VASTATRIX.

Diverses formes du parasite.

(Pour les autres formes, voyez la planche de mon Rapport de 1875)

	Grossissement
Fig. 1. Ailé parfait (corps mesurant $1^{mm},00$)	$\frac{30}{1}$
» 2 et 3. Œufs (ou pupes) d'ailé : œuf femelle ($0^{mm},32$) et mâle plus petit	$\frac{27}{1}$
» 4. Sexué femelle ($0^{mm},40$)	$\frac{65}{1}$
» 5. Sexué mâle, un peu plus petit [1]	$\frac{65}{1}$
» 6. Œuf de sexué, dit d'hiver ($0^{mm},33$) en place sous l'écorce du bois aérien [2]	$\frac{27}{1}$
» 7. Jeune issu de l'œuf d'hiver ($0^{mm},43$) avant la première mue [3]	$\frac{33}{1}$
» 8 et 9. Lambeau de feuille gallifère ; face supér. et face infér. (Plan américain cru en France . .	$\frac{1}{1}$
» 10. Pondeuse gallicole adulte ($1^{mm},10$) sur Clinton	$\frac{20}{1}$
» 11. Galle parfaite, sur Clinton ($4^{mm},00$). Coupe verticale	$\frac{4}{1}$

[1] Dessiné d'après le mâle du Phylloxera du chêne, très-voisin, en tenant compte de petites différences spécifiques.

[2] Entre novembre et mars ; plus jaune de suite après la ponte et un peu avant l'éclosion.

[3] Je profite de l'occasion pour remercier M. le professeur Balbiani d'avoir bien voulu me prêter la préparation qui a servi pour cette figure.

Grossissement

Fig. 12. Œufs de gallicole ($0^{mm},314$) et jeune radicicole, ($0^{mm},371$) avant la première mue, issu de ceux-ci, dans une galle, après quelques générations $\frac{27}{1}$

» 13. Nodicole jeune encore ($0^{mm},60$), probabl. près de la seconde mue, de seconde ou troisième génération sur les renflements, fin juillet. (L'adulte mesure dès la fin de mai jusqu'à $1^{mm}.25$)[1]. . . . . $\frac{27}{1}$

» 14. Futur nymphe ($0^{mm},66$) après la première mue[2] . . . . $\frac{22}{1}$

» 15. Œufs de pondeuse souterraine ($0^{mm},314$) et jeune radicicole ($0^{mm},371$) avant la première mue, issu de ceux-ci, sur les racines[3] . . . . $\frac{27}{1}$

» 16. Radicicole hivernant ($0^{mm},46$)[4] . . . . $\frac{33}{1}$

» 17. Antenne de la forme ailée ($0^{mm},290$), chez un individu de $1^{mm},00$. . . . . $\frac{87}{1}$

» 18. Antenne de sexué femelle ($0^{mm},100$), chez un sujet de $0^{mm},40$ . . . . $\frac{120}{1}$

» 19. Antenne de gallicole ($0^{mm},157$), chez un adulte de $1^{mm},10$. . . . . $\frac{115}{1}$

» 20. Antenne de nodicole ($0^{mm},157$), chez un adulte mesurant $1^{mm},25$ . . . . $\frac{115}{1}$

» 21. Antenne de jeune gallicole directement issu de l'œuf d'hiver ($0^{mm},129$), chez un sujet de $0^{mm},43$ . . . . $\frac{98}{1}$

» 22. Antenne de radicicole ($0^{mm},143$), chez un individu de $0^{mm},46$ . . . . $\frac{84}{1}$

[1] Les antennes ont été dessinées un peu trop en biseau à l'extrémité, dans la fig. 3 de mon Rapport de 1875. Voyez fig 8 *g* de la même planche de 1875 une nodicole adulte en place.

[2] Pour l'état plus avancé de la nymphe, voir mon Rapport de 1875, fig. 4 et 5.

[3] Comparez ce jeune avec celui de la fig. 12 de cette planche.

[4] Voyez une colonie de ceux-ci sur les racines à la fig. 6 du Rapport de 1875.

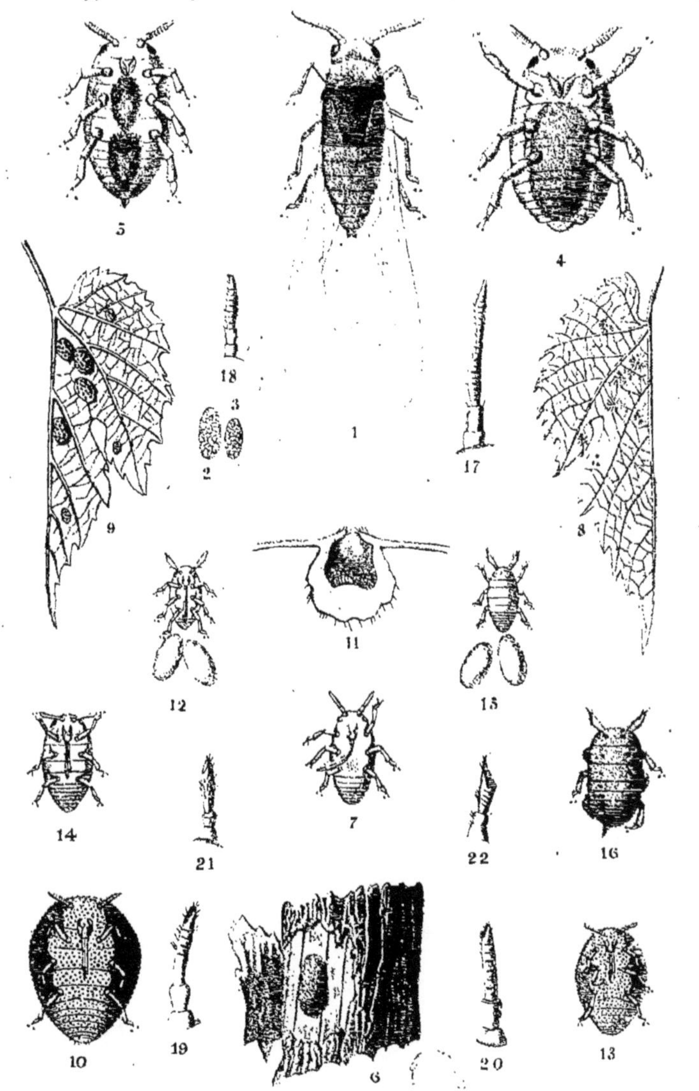

V Fatio ad nat. del. Imp. Lunel & Mezger Mezger lith

Phylloxera vastatrix
Diverses formes du Parasite.

PLANCHE II

PHYLLOXERA VASTATRIX.

Agissements du parasite. Aspect théorique et diffusion de la maladie.

Fig. 1. Cycle normal, demi-souterrain et demi-aérien, des métamorphoses et des agissements du Phylloxera de la vigne. La ligne sinueuse bleue représente la vie æstivale du produit de l'œuf d'hiver demeuré et établi, comme gallicole, sur les feuilles où sa piqûre fait naître des galles (cas jusqu'ici très-rare chez nous); la ligne verticale bleue indique la rentrée prématurée du dit produit de l'œuf d'hiver. La ligne sinueuse rouge représente la vie æstivale du produit de l'œuf d'hiver rentré prématurément sous le sol au printemps et établi, comme nodicole, sur le chevelu où sa piqûre fait naître des renflements (cas très-fréquent chez nous). La ligne ponctuée rouge indique le cycle entièrement souterrain qui paraît devoir se présenter parfois chez nous dans certaines circonstances. — Bleu signifie toujours à l'air, et rouge sous terre.

» 2. Profil théorique d'une cuvette déjà assez ancienne. Centre mort abandonné par l'insecte. A droite et à gauche souches à feuilles racornies et jaunies après trois ans de maladie ; les pucerons y sont déjà moins nombreux. Plus loin, maladie dans la seconde année, la végétation, verte encore, baisse passablement, beaucoup de parasites sur les racines. Plus loin encore, attaque d'un an, pas autant de pucerons, la végétation ne paraît pas encore sensiblement affectée. A droite, le parasite né de l'œuf d'hiver a gagné de nouvelles racines. A gauche, l'ailé vient de déposer ses œufs sur les feuilles de souches encore intactes.

Fig. 3. Accroissement graduel des cuvettes phylloxériques, de face et sur les racines seulement. A) Cuvette de seconde année. B) Cuvettes confluentes de 3me et 4me années ; au centre de cette dernière, quelques souches mortes. Entre les deux, quelques souches plus malades, attaquées de deux côtés.

Dans cette figure, comme dans la précédente : *Noir* signifie mort et abandonné. Plus ou moins *rouge* indique la présence d'un plus ou moins grand nombre de parasites. *Vert* signifie sain pour les racines et d'apparence saine pour les feuilles.

» 4. Petite racine et rameau de chevelu, porteurs de nombreux Phylloxeras : à droite des radicicoles sous l'écorce radiculaire soulevée ; à gauche des nodicoles, des radicicoles, des œufs et des nymphes, sur les renflements résultats de la piqûre du parasite (grandeur naturelle).

» 5. Souche saine, garnie de chevelu.

» 6. Souche malade, dans la 3me année ; peu de bois, quelques rares feuilles racornies et jaunes, plus de chevelu ni de radicelles ; les racines ont l'écorce soulevée et sont noircies par la pourriture.

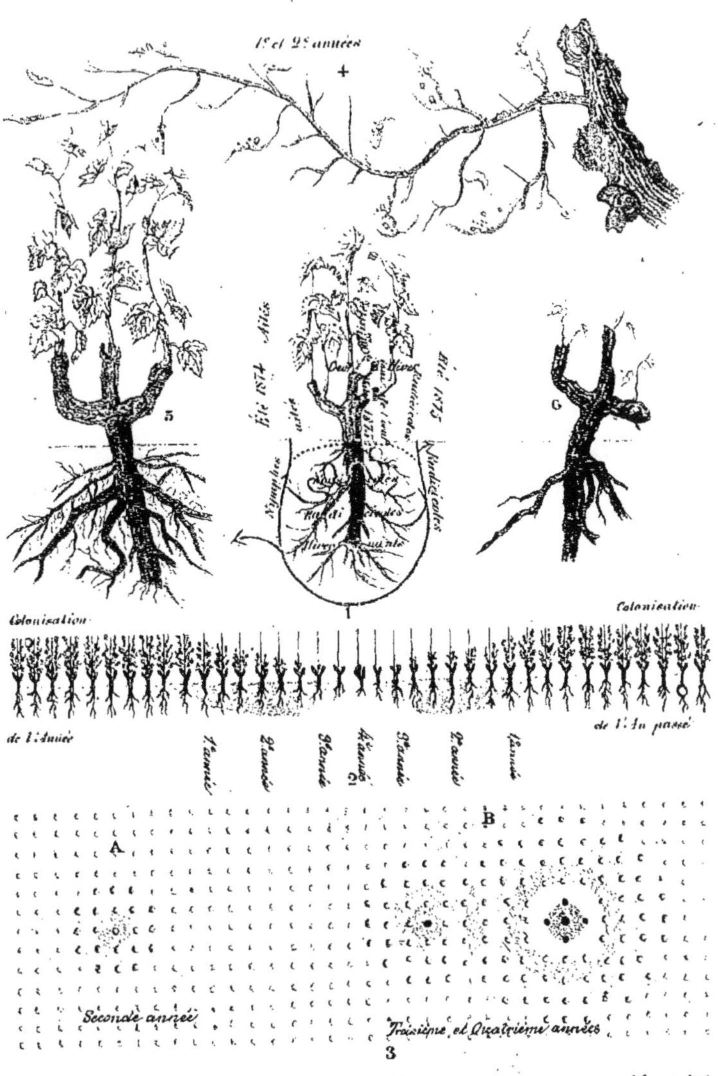

V. Fatio del. Imp. Lunel & Metzger. Metzger lith.

Phylloxera vastatrix

Agissements du parasite Aspect théorique & diffusion de la maladie

TABLE DES MATIÈRES

CONTENUES DANS LE RAPPORT SCIENTIFIQUE

I. *Nouvelles observations sur l'Histoire naturelle du Phylloxera.*

Pages

Résumé des dernières découvertes (ponte des ailés, les sexués, l'œuf d'hiver, la galle). Voir, pour l'histoire naturelle des autres formes, le rapport précédent (le Phylloxera dans le canton de Genève, de mai à août 1875; sept. 1875) et la planche qui l'accompagne . . . . 12 à 17

Importance de la manière différente de tailler la vigne dans le Bordelais et à Genève 13

Distinction des quatre formes composant la série complète des métamorphoses du Phylloxera 17

La grosse pondeuse verte des renflements (nodicole) fort probablement produit de l'œuf d'hiver et très-semblable à la gallicole 19

Les gallicole et nodicole produisent également quelques générations d'individus semblables à elles avant de donner le jour à la race radicicole 2

Effets différents de la maladie sur les plants américains et européens; inhospitalité relative de la feuille de nos vignes indigènes 23

Le produit de l'œuf d'hiver rentre plus ou moins vite en terre. 25

Le cycle des métamorphoses du parasite paraît pouvoir être, dans certaines conditions, entièrement souterrain. 26

Découverte d'un œuf d'hiver sur les racines d'un vase de vigne 29

Époque d'éclosion de l'œuf d'hiver 32

Des nymphes restent et pondent probablement sous le sol . . 32

De l'appauvrissement de la race radicicole par l'isolement sous le sol 33

Pages

Que devons-nous attendre de l'acclimatation ou de l'adaptation du puceron. 35

II. *Traitements opérés.*

Les traitements d'été et d'hiver se sont heureusement complétés 36
Sommes-nous débarrassés du parasite ? 37
Le traitement æstival a détruit une proportion énorme de pucerons. 38
A quoi attribuer les bons résultats de l'arrosage d'été . . . 39
Opérations d'hiver curatives et préventives. 40
On n'a rien encore reconnu de suspect à la fin de juillet 1876. 44

III. *Directions pour l'avenir.*

Les trois saisons phylloxériques ; agissements de l'insecte . . 45
Caractères de la maladie ; trois années 46
Deux manières de lutter. 49
Traitement curatif 50
Traitement préventif 53
La tâche des experts dans les diverses saisons, de novembre à avril 55
Id.; de mai à fin juillet 55
Id.; de fin juillet à octobre. 57
Instruments utiles aux experts. 59
Activité indispensable et rapports aux commissions 59
Défense d'importation en Suisse de tout plant étranger. . . 62

Explication des planches . . . . 63 et 65

Plus loin, Calendrier Phylloxérique 69

CALENDRIER PHYLLOXÉRIQUE

A L'USAGE DES EXPERTS DE L'ÉTAT ET DES VITICULTEURS DANS LE CANTON DE GENÈVE

MOIS	AGISSEMENTS DU PARASITE	RECHERCHES DES EXPERTS	OPÉRATIONS ET TRAITEMENTS	MOIS
Mars	**Vie latente :** Radicicoles engourdis sur les racines; œuf d'hiver sur le bois.	*Chercher l'œuf d'hiver sous l'écorce dans les vignes indiquées comme compromises et menacées.*	*Il faut, dans les vignes reconnues compromises, tailler rapidement et brûler le bois,* avant la fragilité de l'œuf d'hiver, *puis badigeonner ou seringuer les souches avec un insecticide.*	Mars
Avril	**L'œuf d'hiver** devient fragile et tombe facilement.	(Les experts doivent faire de suite part de toutes leurs observations à un membre de la commission qui avisera, faire préparer à temps les opérations préventives et curatives et diriger si possible les travaux; cela durant toute l'année).	*Il serait bon de faire un premier arrosage au sulfocarbonate,* avant la pousse et avant la ponte, *dans les vignes malades* (on prépare les creux en rompant).	Avril
Mai	**Éclosion** de l'œuf d'hiver.		(Une légère couverture toxique du terrain empêcherait peut-être le produit de l'œuf d'hiver de gagner le sol avant que l'on soit en mesure de le détruire à l'air libre.)	Mai
15	**L'activité** renaît sous le sol.			15
Juin	**Le produit de l'œuf d'hiver** gagne les feuilles (gallicole) ou rentre en terre (nodicole). **Déjà des renflements.**	*Chercher le produit de l'œuf d'hiver* (gallicole) sur le bois, les bourgeons et les jeunes feuilles. *Chercher les cuvettes dans les vignes malades, et les traces de nouvelles attaques,* sur les feuilles, le bois, le chevelu (renflements) et les racines, *dans les vignes compromises et menacées.* (Si le chevelu a disparu chercher sur le pourtour.)	*Là où l'attaque n'a pas été reconnue avant l'éclosion, il faut seringuer le bois et les feuilles et arroser au pied des souches.* Plus tard encore, si l'on a reconnu des piqûres avortées ou des galles plus ou moins réussies, *on peut brûler les feuilles et badigeonner le bois.* (Les ouvriers qui donnent la dernière culture devraient avertir leurs maîtres, s'ils voient des renflements sur le chevelu superficiel.)	Juin
15	**La ponte souterraine** continue.			15
Juillet	**Multiplication** et extension souterraines des pondeuses vierges aptères jusqu'à l'automne.	*Continuer ces perquisitions jusqu'en août et surveiller les repousses* sur les minages des vignes condamnées, de juin à septembre. (Ne pas confondre les cuvettes avec les effets du blanc, les galles avec la cloque, les gallicoles et radicicoles avec un petit arachnide.)	*Il faut arracher et brûler toutes les repousses sur les minages jusqu'à l'automne.* (Les effeuilleuses devraient faire rapport à leurs maîtres sur les dépressions de végétation qu'elles remarqueraient). Il serait prudent de *brûler le produit de l'effeuillage, dans les vignes malades, compromises et menacées.*	Juillet
Août	**Nymphes** près de la surface. **Ailés** près de partir.	*Chercher, en tenant compte des vents, dans les vignes malades et menacées, les ailés* au pied des souches, dans les toiles d'araignées et sous les feuilles, ainsi que les *œufs de ceux-ci et les sexués,* pour déterminer la direction probable de la colonisation et les vignes compromises pour l'avenir. (Ne pas confondre les ailés avec de petits moucherons.)	*Il faut arroser largement au sulfocarbonate les vignes malades pour empêcher la colonisation et tuer beaucoup de pondeuses alors peu profondes.* (Une légère couverture du sol, avec une matière toxique, dans les vignes malades et menacées, peut empêcher soit des nymphes de sortir, soit peut-être des ailés de s'arrêter (ou des sexués de gagner les racines).	Août
Sept.	**Les ailés pondent** sous les feuilles. **Les sexués** gagnent le bois.	Mêmes recherches qu'en août.	Peut-être pourrait-on faire un seringuage des feuilles et du bois, en vue des ailés et de leurs descendants, là où on aura remarqué l'arrivée des colons; voir même brûler les premières.	Sept.
Octobre	**L'œuf d'hiver** est déposé sous l'écorce.		Récolte.	Octobre
Nov.	Les jeunes radicicoles prennent leurs quartiers d'hiver.		On peut faire encore un arrosage automnal dans les vignes malades, et ramasser et brûler les feuilles dans les vignes compromises.	Nov.
Déc.		*Chercher l'œuf d'hiver, brun sous l'écorce, dans les vignes indiquées comme compromises et menacées,* en vue des opérations du printemps. (Voir aussi un peu sur les racines.)	*Il peut arriver que l'on soit obligé, pour la sécurité du voisinage, d'arracher et de brûler toutes les racines et le bois dans les vignes condamnées.* Mettre alors deux couches et une couverture toxique dans le minage.	Déc.
Janvier Février	**Vie latente** sur le bois et les racines.			Janvier Février

Pour de plus amples détails, voir le Rapport ci-joint *(Le Phylloxera à Pregny, d'août 1875 à juillet 1876).* V. FATIO.

5e

COMMISSIONS ET COMITÉS

DE

SURVEILLANCE DU PHYLLOXERA

COMMISSION FÉDÉRALE

MM. Schnetzler, professeur, président, Lausanne.
Demole, François, Genève.
Deperre, Neuchâtel.

RÉPUBLIQUE ET CANTON DE GENÈVE

COMMISSION SCIENTIFIQUE CANTONALE

MM. Vogt, professeur, président.
Thury, professeur.
Fatio, Victor.
Demole-Ador.
Ador, Emile.
Monnier, Denys.
Risler.

COMITÉS LOCAUX

I. – Communes entre Arve et Rhône.

Président, M. Archinard, Ch., à Troinex, remplacé en cas d'absence par M. Pérusset, Victor, Troinex.

MM. Marêchal, Pierre dit François, maire, Aire-la-Ville.
Ducrosal, Pierre, maire, Avully.
Magnin, Louis, Avully.
Nallet, Joseph, maire, Avusy.
Comte, François, Landecy, commune de Bardonnex.
Badel, Charles, Bernex.
Gros, Alphonse, Bernex.
Novel, Antoine, Bernex.
Thorel, F.-Louis, Lully.

MM. Oltramare, Jean, maire, Cartigny.
Hornung, L.-Joseph, Cartigny.
Bouvier-Quiby, maire, Chancy.
Revaclier, John, Chancy.
Gaillard, ancien maire, Chancy.
Bouvier, Antoine, Confignon.
Foëx, Joseph, Confignon.
Thévenoz, J.-M., maire, Laconnex.
Revaclier, François, Laconnex.
Guillermin, Louis, Lancy.
Chavaz, François, Onex.
Duchosal, M.-Louis, Onex.
Bernard, Jean, Perly.
Blanc, Charles, Saconnex, Plan-les-Ouates.
Ricard, Noël, Saconnex, Plan-les-Ouates.
Dupraz, J.-Louis, maire, Soral.
Dupraz, J.-François, Soral.
Archinard, Charles, Troinex.
Pérusset, Victor, maire, Troinex.
Pictet, Aloïs, Troinex.
Martin, Antoine, Vessy, Veyrier.
Chavaz, François, Veyrier.
Fontanel, Urbain, Veyrier.

II. — Communes entre Arve et Lac.

Président, M. Naville, Jules, à Villette, remplacé en cas d'absence par M. Trembley, Guillaume, au Parc, près Villette.

MM. De Bellerive, François, adjoint, Anières.
Atzenwiler, J.-L., La Paumière, Chêne-Bougeries.
Naville, Jules, Villette, Chêne-Bougeries.
Perréard, François, Chêne-Bourg.
Lyand, horticulteur, Chêne-Bourg.
Briffod, Étienne, Choulex.
Grand, Ami, Vésenaz, Collonge-Bellerive.
Rochat, Jules, Collonge-Bellerive.
Boissier, Jules, Ruth, Cologny.
Chevalley, Ch., Montalègre, Cologny.
Fusay, L., Cologny.
Vuarchoz, J.-L.-E., Montalègre, Cologny.

MM. Déruaz, Amédée, Corsier.
Falquet, François, maire, Corsier.
Mottier-Castan, maire, Gy.
Mottier, Antoine, Gy.
Nyauld, Antoine, maire, Hermance.
Micheli, Marc, Jussy.
Olivet, Jules, Jussy.
Danel, Pierre, adjoint, Meinier.
Lance, Félix, Meinier.
De la Rive, Emile, maire, Presinges.
Mossu, Hubert, Carra, Presinges.
Briffaud, Jacques, Puplinges.
Jaquier, J.-J. dit John, Puplinges.
Garin, François, adjoint, Puplinges.
Chouet, Marc, Vandœuvres.
Gander, F., adjoint, Crête, Vandœuvres.
Serre, Samuel, adjoint, Vandœuvres.
Duret, François, Villette, Thônex.
Tremblet, Guillaume, Villette, Thônex.

III. — Communes de Dardagny, Meyrin, Russin, Satigny, Petit-Saconnex, Vernier.

Président, M. Archinard, Louis, Grand-Pré.

MM. Ramu, Ch.-Marc, maire, Dardagny.
Guinand, Jacques, La Plaine, Dardagny.
Joly, Isaac, adjoint, Dardagny.
Penet, Jules, maire, Russin.
Desbaillets, Pierre, adjoint, Russin.
Monnier-Péchaubeis, Russin.
Dutremblet, Gabr., Choully, Satigny.
Cottier, J.-Marc, Peney, Satigny.
Moynat, David-L., Satigny.
Turian, J.-Henri, Satigny.
Archinard, Louis, Grand-Pré, Petit-Saconnex.
Duboule, Charles, Petit-Saconnex.
Aquitaire, J.-F., Varembé, Petit-Saconnex.
Rigot, Pierre-Albert, Varembé, Petit-Saconnex.
Pictet, Louis, maire, Vernier.

IV. — Communes de Bellevue, Céligny, Collex-Bossy, Genthod, Pregny, Grand-Saconnex, Versoix.

Président : M. Fatio, Victor, à Valavran, remplacé en cas d'absence par M. Covelle, Ernest, à Genève, Corraterie, 19.

MM. Eggly, Simon, Bellevue.
Gaillard, Paul, Bellevue.
Chouet, Jacques, Bellevue.
Roget, Jacques, maire, Céligny.
Bernard, Alph., Céligny.
Senn, Aimé, Céligny.
Maréchal, maire, Collex-Bossy.
Borel, propriétaire, Collex-Bossy.
Gindre, L., Collex-Bossy.
Fatio, Victor, Genthod.
Deluc, John, Genthod.
Margairaz, Jean-Louis, Genthod.
Thomann, John, Genthod.
Bonnet, Edouard, Pregny.
Dumartheray, J.-F., Pregny.
Favre, Ernest, Pregny.
Panchaud, Samuel, Pregny.
Panissod, Jean, Pregny.
Sarasin, Ed., maire, Grand-Saconnex.
Bonneville, Grand-Saconnex.
Gaillard, François, Grand-Saconnex.
Von Gunten, Fr.-L., Grand-Saconnex.
Von Gunten, Ch., Grand-Saconnex.
Nicati, Ad., Versoix.

www.ingramcontent.com/pod-product-compliance
Ingram Content Group UK Ltd.
Pitfield, Milton Keynes, MK11 3LW, UK
UKHW021621260726
13965UKWH00007B/1400